Das professionelle 1x1

Michael Blochberger

Emotionale Intelligenz in der Mitarbeiterführung

Mitarbeiter gewinnen, lenken, begeistern

Cornelsen

Verlagsredaktion: Ralf Boden
Technische Umsetzung: Verena Hinze, Essen
Umschlaggestaltung: Magdalene Krumbeck, Wuppertal
Titelfoto: © getty-images

1. Auflage

Druck: Druckhaus Thomas Müntzer, Bad Langensalza

ISBN 978-3-589-23768-5

Inhalt gedruckt auf säurefreiem Papier aus nachhaltiger Forstwirtschaft.

Vorwort

Spätestens nach der ersten Beförderung erkennt jeder, dass Menschen mit Fachkompetenz allein nicht zu führen sind. Emotionale Intelligenz ist die Schlüsselqualifikation für das Führen von Mitarbeitern und Organisationen. Auch wenn uninformierte Führungskräfte das nicht gern wahrhaben wollen:

Der konstruktive Umgang mit Gefühlen ist ein entscheidender Erfolgsfaktor im Unternehmen. Wachstum beginnt mit der Entwicklung der Führungspersönlichkeit!

Seit 1997 beschäftige ich mich intensiv mit den Themen Führung und Emotionale Intelligenz. Ich leite Trainings zur Persönlichkeitsentwicklung von Führungskräften und in meinen monatlichen Artikeln biete ich praxisrelevante Hilfestellung zu alltäglichen Führungsproblemen. Ich habe mich bisher davor gescheut, meine Erfahrungen und Methoden in einem Buch zusammenzufassen, wohlwissend, dass es kaum möglich ist, zwei so komplexe Themen auf 180 Seiten zu komprimieren.

Dass ich dieses Buch trotzdem geschrieben habe, ist von meinem Wunsch getrieben, das Thema Emotionale Intelligenz von Vorurteilen und Missverständnissen zu befreien und einer breiten Führungsschicht an die Hand zu geben.

Ich habe meine Führungserfahrung und viele methodische Lernschritte zusammengefasst, um dem Leser einen Leitfaden zur Entwicklung der eigenen Führungskompetenz zu geben. Meine Absicht ist es, aufzuklären, zu inspirieren und Mut zu machen. Die eigenen Erfahrungen kann ich Ihnen mit diesem Buch nicht abnehmen, die müssen Sie selber machen. Aber Sie werden zahlreiche Anregungen finden, sich Ihres Führungsverhaltens bewusst zu werden und Ihr Handlungsspektrum zu erweitern. Also packen Sie es an!

Bremen, im Sommer 2010 *Michael Blochberger*

PS: Bitte entschuldigen Sie, dass ich dem flüssigen Schreibstil zuliebe weitgehend auf geschlechtsspezifische Ergänzungen verzichtet habe. Wenn ich „der Mitarbeiter" oder „die Führungskraft" schreibe, so möchte ich selbstverständlich das jeweils andere Geschlecht einbezogen wissen.

Der Autor

Michael Blochberger ist Persönlichkeitstrainer, Identitätsberater und Coach. Seit Gründung des Instituts für Corporate Identity & Teamentwicklung (CIT) im Jahre 1997 engagiert er sich für die Entwicklung von Führungskräften, Teams und Organisationen unter dem besonderen Fokus einer konstruktiven Emotionalität im Management. Seine zahlreichen Veröffentlichungen weisen ihn als erfahrenen Experten und vehementen Verfechter für Emotionale Intelligenz in der Mitarbeiterführung aus. Seine Führungsseminare zählen heute zu den nachhaltigsten und konsequentesten Trainings ihrer Art auf dem deutschsprachigen Markt.

Nach Abschluss seines Studiums zum Kommunikations-Designer (Dipl.-Ing.) war Michael Blochberger 20 Jahre lang als Unternehmer und Geschäftsführer einer Werbeagentur tätig, bevor er sich zum Persönlichkeitstrainer und Coach ausbilden ließ. Michael Blochberger vereint psychologische Kompetenz mit praxisrelevanter Führungs- und Personalerfahrung. Er versteht sich als kritischer Querdenker und sinngebender Visionär für eine humane und werteorientierte Leistungsgesellschaft. Er lebt und arbeitet mit seiner Familie in Bremen.

Kontakt: www.cit-consult.de

Inhalt

TEIL 1 DER STELLENWERT VON RATIO UND EMOTION

Vertrauen ist eine Oase im Herzen,
die von der Karawane des Denkens nie erreicht wird.

Khalil Gibran

An einem Montagmorgen wurde ich zu unserem wichtigsten Kunden gerufen. Auf der Basis eines langfristigen Vertrages erstellten wir für ihn jede Woche 30 bis 40 Anzeigen und schalteten diese in allen wichtigen norddeutschen Tageszeitungen. Aufgrund der Menge hatten wir einen sehr niedrigen Stückpreis vereinbart. Der Umfang war in den letzten Monaten weiter angewachsen, sodass bereits jeder Zweite unseres Teams täglich für diesen Kunden tätig war.

Ohne zu ahnen, worum es ging, wartete ich im Konferenzraum auf den Geschäftsführer. Er platzte in den Raum und warf mir mit einem forschen „Guten Morgen" das Angebot eines mir unbekannten Mitbewerbers auf den Tisch. Nach kurzem Überfliegen der Seiten erkannte ich, dass es sich genau um unsere Abmachungen handelte. Nur dass die angegebenen Honorare exakt 50 Prozent der unsrigen entsprachen. Mir stockte das Herz. Das war kein Scherz.

„Wenn Sie auf diesen Preis eingehen, bleiben wir im Geschäft. Sie werden einsehen, dass ich dieses Angebot nicht ablehnen kann." Das Atmen fiel mir schwer. Das Blut wich mir aus dem Gesicht. Es rauschte in meinen Ohren. In meinem Kopf raste es. Irgendetwas zwischen Angst, Wut und Trauer stieg mir die Kehle hoch.

Nach einer scheinbar unendlichen Pause entfuhr mir mit belegter Stimme: „Das ist kein faires Angebot. Das kann man zu diesem Preis nicht leisten." Dann spürte ich Tränen in meinen Augen und plötzlich brach es aus mir heraus:

„Seit zwei Jahren reißen wir uns jede Woche den A... auf, um unter extremem Zeitdruck eine saubere Arbeit zu machen. Bisher ist uns noch kein Fehler unterlaufen, noch kein Termin geplatzt. Das macht nicht immer Spaß. Es ist nicht leicht, meine Mitarbeiter jeden Tag aufs Neue zu motivieren. Und das alles zu diesem Preis! Auch Sie tragen etwas Verantwortung dafür,

dass wir Spaß daran haben, weiterhin eine gute Arbeit abliefern zu können ..."

Stille. Mein Kopf war leer, meine Zunge trocken. Das war's. Ich schluckte an dem Kloß im Hals, packte meine Sachen. Was würden meine Leute dazu sagen? Ich stand auf. Es gab nichts mehr zu sagen. Der Kunde gab mir die Hand, ohne mir dabei in die Augen zu schauen. Sein „Ich überleg es mir nochmal" hörte ich nicht mehr.

Damals war ich der Überzeugung, alles verspielt zu haben. Warum hatte ich meine Gefühle nicht zurückhalten können? Warum hatte ich mich so gehen lassen? Wäre ich durch meine Teilnahme an diesem intensiven Führungstraining in der vergangenen Woche nicht so aufgewühlt gewesen – vielleicht hätte ich auf sachlicher Ebene doch noch einen Kompromiss erstreiten können?

Heute, über 20 Jahre später, ist mir das Ereignis immer noch gegenwärtig, weil dieser ungewollte Gefühlsausbruch mein erstes Erfolgserlebnis in Bezug auf den Einsatz von Emotionen im Beruf darstellte. Ja, wir haben damals den Job zu unveränderten Konditionen behalten, weil ich im richtigen Augenblick gezeigt hatte, wie sehr mich dieses unseriöse Gegenangebot verletzte und dass ich so nicht mit mir umspringen ließ.

Das Ereignis hat meine Wertvorstellungen in Bezug auf Ratio und Emotionen nachhaltig verändert. Zuvor hatte ich wie die meisten Menschen strikt darauf geachtet, tiefere Gefühle aus dem Berufsleben fernzuhalten. Gefühle wie Trauer, Wut oder Verletztheit hatten für mich mit Schwäche zu tun. Im Beruf galt es aber, stark und überlegen zu wirken.

Zum ersten Mal hatte ich die Erfahrung gemacht, dass das Zeigen tiefer Emotionen im Beruf eine besondere Stärke sein kann, wenn sie klaren Standpunkten Ausdruck verleihen und die notwendige Kraft geben.

Geht es darum, deutliche Zeichen zu setzen oder Grenzen aufzuzeigen, ist vielfach Argumentieren zwecklos. Dann sind oft Emotionen notwendig, um die Gesprächspartner aufzurütteln und der Angelegenheit das entsprechende Gewicht zu geben.

Im Zusammenhang mit positiven Stimmungen wie Freude, Stolz oder Begeisterung war mir das geläufig. Neu war mir, dass kritische Gefühlslagen von noch viel durchschlagender Wirkung sein können, wenn sie für den Adressaten nachvollziehbar sind und nicht destruktiv geäußert werden.

Damals wurde mir klar, dass es unmöglich ist, Ratio und Emotion zu trennen. Beides ist wichtig und sinnvoll. Wer eins vom anderen zu trennen versucht oder Gefühl und Verstand nicht in Einklang bringen kann, steht seinem Erfolg im Wege.

Mit dem Verstand sammeln wir Fakten, wir strukturieren, planen und versuchen, objektive, allgemein gültige Kriterien zu schaffen, die es uns ermöglichen, unser soziales Miteinander für die Zukunft zu organisieren.

Gefühle sind für unser Leben im Hier und Jetzt entscheidend

Gefühle dagegen sind für unser Leben im Hier und Jetzt entscheidend. Freude oder Angst, Motivation oder Frustration, Zuneigung oder Abneigung geben unserer Einstellung und unserem Handeln einen ganz persönlichen und subjektiven Wert. Sie sind also immer etwas sehr Individuelles, das auf der Basis persönlicher Erfahrungen entsteht.

Gefühl und Verstand sind aufeinander angewiesen. Wer nur seinem Verstand folgt, ist ebenso sozial unverträglich wie der, der nur seinen Gefühlen folgt.

1.1 Emotionen und ihr gesellschaftlicher Wert

Gefühle scheinen eine unangenehme und störende Begleiterscheinung zu sein

Die Industriegesellschaften der westlichen Welt leben in einer von Wissenschaft und Ratio bestimmten Kultur. Es herrscht die allgemeine Auffassung, dass wir unser Leben nur mithilfe des Verstandes in den Griff bekommen können und Gefühle eine eher unangenehme, ja störende Begleiterscheinung darstellen, die es in der Öffentlichkeit zu unterdrücken oder zumindest zu kontrollieren gilt. Diese Geisteshaltung ist Teil unserer Erziehung und unseres Lebens und wird von der Mehrheit ganz unreflektiert gelebt.

Die meisten Menschen geben sich sachlich souverän, überlegen kontrolliert, möglichst intellektuell und bewerten aufwallende Gefühle wie Angst, Trauer, Wut, Hass, Ekel, Scham, Neid, Stolz oder Lust als Folge unerwünschten Kontrollverlustes. Unsere Gesellschaft wird von einem ungeheuerlichen Vor-

Wer seine Gefühle zeigt, erscheint als hemmungslos, willenlos oder zu schwach, sich zusammenzunehmen

urteil dominiert: Wer seine Gefühle zeigt, ist hemmungslos, willenlos oder zu schwach, sich zusammenzunehmen. Gefühle werden in unserer Gesellschaft als etwas Intimes „verstanden", das man mit sich selbst auszumachen hat, eventuell mit einem nahestehenden Partner teilen kann.

Was sich schon im gesellschaftlichen Kontext zeigt, wird im Geschäftsleben noch konsequenter gelebt. In den Führungsetagen der Unternehmen versucht man nach wie vor, Gefühle zu negieren und auszublenden – wie wir noch sehen werden, mit tragischen Konsequenzen.

Die allgemeine Auffassung ist, das Führen von Mitarbeitern habe sich ausschließlich an Sachfragen zu orientieren, die von den Zielen des Unternehmens und des Marktes bestimmt werden. Im Idealfall werden hierbei die Ziele der Mitarbeiter berücksichtigt. Die Gefühle der beteiligten Menschen – Mitarbeiter wie Führungskräfte – finden kaum Berücksichtigung. Sie haben sich der Sachlage unterzuordnen. Gefühle werden ausgeblendet, negiert, missachtet und unterdrückt. Und wie alles, was nicht wertgeschätzt wird, wehren sich auch die Gefühle im Berufsleben und werden zum gefährlichen Bumerang.

So wie ein Leben ohne Gefühl nicht glücklich machen kann, ist auch Führung ohne Emotionalität zum Scheitern verurteilt. Im Privaten wie im Beruf sind Emotionen ein wichtiges Gut.

GEFÜHLE SIND DAS BINDEGLIED FÜR JEDE ERFOLGREICHE BEZIEHUNG – AUCH DIE ZU DEN MITARBEITERN.

Gefühle sind das Salz in der Suppe und machen unser Leben lebenswert und unsere Arbeit befriedigend

Ohne Gefühle gibt es keine Motivation, keine Begeisterung, kein ehrliches Engagement, keinen Gemeinschaftssinn, keine Identifikation, keinen Fortschritt, keinen Optimismus, keine Krisenbewältigung. Gefühle sind das Salz in der Suppe. Sie machen unser Leben lebenswert und unsere Arbeit befriedigend. Der Grad unseres Erfolges als Führungskraft hängt in ganz besonderem Maße von unserer Fähigkeit ab, mit unseren Gefühlen – den eigenen wie denen der Mitarbeiter und Kollegen – selbstbewusst umzugehen.

Gefühle bewusst für eine konstruktive Führungsarbeit nutzen

Mit diesem Buch möchte ich Sie dazu anregen, Gefühle in Ihren beruflichen Alltag zu integrieren und sie bewusst für eine konstruktive Führungsarbeit zu nutzen. Das ist kein leichter Weg, weil Sie immer die richtige Form finden müssen, um eine konstruktive Wirkung zu erzielen. Der Umgang mit Emotionen will gelernt sein.

Es geht dabei *nicht* darum, wehleidige Mitarbeiter zu trösten oder hysterische Vorgesetzte zu akzeptieren, sondern es geht darum, auf die Gefühle der anderen einzugehen und die eigenen Gefühle einzusetzen, um Ziele schneller und leichter zu erreichen. Führen mit Emotionen erfordert Selbstreflexion, Selbsterfahrung und Persönlichkeitsentwicklung. Dazu gehören auch Rückschläge und Niederlagen. Aber mit den ersten Erfolgen werden Sie merken, wie viel wertvoller und effizienter dieser Weg ist. Gefühle setzen Energien frei, die sonst nur im Verborgenen schlummern.

Führen mit Emotionen erfordert Selbstreflexion, Selbsterfahrung und Persönlichkeitsentwicklung

Mit Emotionen zu führen erfordert in unserer Gesellschaft ein deutliches Umdenken, aber wir werden dadurch der Natur unseres Wesens näherkommen. Der erste wichtige Schritt auf diesem Weg ist, den Emotionen den Stellenwert zu geben, der ihnen gebührt:

> *EMOTIONEN HABEN IMMER PRIORITÄT. POSITIVE EMOTIONEN, WEIL SIE UNSERE WERTVOLLSTE INVESTITION DARSTELLEN. NEGATIVE EMOTIONEN, WEIL SIE BESONDERS GEFÄHRLICH SIND UND DESHALB UNSERE AUFMERKSAMKEIT ERFORDERN.*

1.2 Die Folgen missachteter Gefühle

Jede Gemeinschaft ist darauf angewiesen, dauerhafte Konflikte und Machtkämpfe zu vermeiden, um erfolgreich agieren zu können. Deshalb besteht jede soziale Gruppierung darauf, dass Einzelinteressen hinter dem Gemeinwohl zurückzutreten haben – das gilt in einer Familie ebenso wie für ein Unternehmen oder den Staat. Vom Einzelnen wird verlangt, dass er sich in die Gemeinschaft integriert, die Gemeinschaft und deren Führung übernimmt dafür die Verantwortung, die Bedürfnisse des Einzelnen mit zu berücksichtigen. Solange der soziale Konsens funktioniert, werden die positiven Gefühle in der Gemeinschaft überwiegen.

Jede soziale Gruppierung besteht darauf, dass Einzelinteressen hinter dem Gemeinwohl zurücktreten

Trotzdem sind immer unterschiedliche Bedürfnisse vorhanden und die daraus folgenden Auseinandersetzungen auch notwendig. Kritisch wird es erst, wenn Konflikte nicht offen ausgetragen werden, weil ein sozialer Druck herrscht oder die

Kultur des Unternehmens das nicht zulässt. Dann werden aus unterdrückten Bedürfnissen kritische Emotionen wie Unzufriedenheit, Neid, Wut oder Angst. Und das sind Indikatoren, dass etwas nicht stimmt.

Wer kritische Gefühle missachtet, blendet wichtige Informationen für eine konstruktive Führungsarbeit aus

Wer als Führungskraft kritische Gefühle – bei sich oder seinen Mitarbeitern – missachtet, verzichtet auf wichtige Informationen für eine konstruktive Führungsarbeit. Wer diesen emotionalen Indikatoren nicht nachgeht, reduziert zwangsläufig die Leistungsbereitschaft der Beteiligten. Im klassischen Fall wird dann die Führung den Druck auf die Mitarbeiter erhöhen. Angst und Wut auf beiden Seiten werden stärker. Resignation und innere Kündigungen sind die Folge: Die Leistung sinkt, das Team oder die Abteilung gerät in die Krise.

Regelmäßig unterdrückte Gefühle lösen Stressreaktionen aus

In persönlicher Hinsicht sind die Folgen unberücksichtigter Emotionen nicht minder schädlich. Regelmäßig unterdrückte Gefühle lösen sich nicht in Luft auf, sondern suchen sich einen anderen, subtileren Weg und wenden sich als psychosomatische Krankheiten gegen die Person selbst.

Dafür nur ein Beispiel: Allein in Deutschland erleiden jährlich ca. 400.000 Menschen einen Herzinfarkt, von denen fast 40 Prozent tödlich enden. Hauptursache für diese Volkskrankheit ist neben Rauchen und mangelnder Bewegung der Dauerstress am Arbeitsplatz. Stress ist wohl das wichtigste gesundheitsgefährdende Phänomen in der heutigen Arbeitswelt.

Der von Hans Selye 1950 eingeführte Begriff „Stress“ steht für dauernde oder häufig wiederholte Belastungen des menschlichen Organismus. Diese Belastungen werden mit Anpassungsreaktionen des Organismus beantwortet, die dazu dienen, den Körper in erhöhte Leistungsbereitschaft zu versetzen. Durch die Hormone (Nor-)Adrenalin, Cortisol und Testosteron wird das zentrale Nervensystem aktiviert. Puls, Atemfrequenz und Blutdruck werden erhöht. Die Produktion der roten Blutkörperchen und Blutplättchen, die für die Gerinnung des Blutes zuständig sind, wird gesteigert. Unsere Wahrnehmung wird auf das Notwendigste beschränkt, um uns auf die Gefahr konzentrieren zu können: Wir bekommen den sog. Tunnelblick. Ursächlich befähigt uns dieser Zustand dazu, unseren Körper auf einen Kampf vorzubereiten oder plötzlich auftretenden Gefahren zu entfliehen. Der körperlichen Aktion folgt eine Erholungsphase, der Körper regeneriert und der Hormonspiegel pegelt sich wieder auf den Normalzustand ein.

Heute ist Stress im Beruf aber der Normalzustand (siehe auch Kap. 2.2.2). Ja, Stress ist als Ausdruck eines leistungsbewussten, aktiven Lebens geradezu gesellschaftlich akzeptiert. Wer keinen Stress hat, kann kaum erfolgreich sein, glauben wir. Dabei verharmlosen wir den Stresszustand auf gefährliche Weise und wir verdrängen, wofür Stress ursächlich steht: die Reaktion auf eine Gefahr.

Stress ist ein gesellschaftlich akzeptierter Begriff für ein leistungsbewusstes, aktives Leben ...

Stress ist aber auch der gesellschaftlich akzeptierte Begriff für Angst. Angst vor Überforderung, Angst vor Arbeitsplatzverlust und Angst, ohne Leistung nicht geliebt zu werden. Und je mehr Stress wir haben, desto weniger spüren wir, dass es die Angst ist, die uns treibt. In Gefahrensituationen ist es zwar wichtig, die Angst auszublenden, aber auf Dauer ist das gefährlich. Das ist den wenigsten bewusst und darüber spricht man nicht.

... und für Angst

In den Büchern *„Krankheit als Weg"* (Dethlefsen / Dahlke, 2000) und *„Krankheit als Sprache der Seele"* (Dahlke, 1997) deuten die Ärzte und Psychologen Ruediger Dahlke und Thorwald Dethlefsen unzählige Krankheiten als Symptome emotionaler Blockaden. Ihr Credo: Jede Krankheit ist ein Hilferuf der Seele und eine Aufforderung an uns, dringend etwas an unserem Leben zu ändern.

Krankheiten als Symptome emotionaler Blockaden

Im Umkehrschluss heißt das: Ein hoher Krankheitsstand im Unternehmen ist ein untrügliches Zeichen für Unzufriedenheit und dauerhaft unterdrückte Gefühle in der Belegschaft. In einem Unternehmen, in dem Gefühle positiv gelebt werden, das habe ich selbst erfahren dürfen, gibt es kaum Krankheiten und keine Fehlzeiten mehr. Ein gesunder Umgang mit Gefühlen schafft gesunde Menschen und diese vermeiden Unfälle und sind selbst gegen eine Grippe resistent.

1.3 Die Überschätzung des Verstandes

„Was Hänschen nicht lernt, lernt Hans nimmermehr." Mit diesem Sprichwort haben schon meine Eltern versucht, meinen Wissensdurst und meinen schulischen Ehrgeiz zu fördern. Trotz aller Anstrengung und Paukerei wurde ich aber nie mehr als ein mittelmäßiger Schüler. Vieles von dem, was man mir einzutrichtern versuchte, hatte ich am nächsten Tag schon wieder vergessen. Vor allem bei Vokabeln und mathematischen Formeln war mein Verstand schnell überfordert.

Ich bin ein Mensch, der Erfahrungen und Erlebnisse braucht, um Zusammenhänge zu begreifen. Beeindruckende Versuche im Chemie- oder Physikunterricht, die Auseinandersetzung mit einem Drama von Schiller oder eine politische Diskussion in Gemeinschaftskunde. Das waren Themen, die mich emotional bewegten. Die damals entstandenen Gefühle und Bilder brannten sich in mein Gedächtnis ein. Ich habe sie nie mehr vergessen und kann noch heute mögliche Schlussfolgerungen oder Regeln davon ableiten.

Schon damals war mir bewusst, dass ich eine emotionale Bindung zum Lehrstoff benötigte, um ihn für mich nutzbar zu machen. Nur war ich der Meinung, das sei lediglich mein persönliches Problem.

Der Einfluss von Ratio und Intellekt wird vielfach überschätzt

Heute dämmert mir, dass mein schulischer Leidensweg, unsere anhaltende Bildungsmisere und die Führungsdefizite im deutschen Management die gleichen Ursachen haben könnten: die Überschätzung des Einflusses von Intellekt und Ratio auf unser Handeln, unseren Erfolg und unser Leben insgesamt.

Seit Aristoteles leben wir in der Tradition der Polarisierung. Er war es, der die menschliche Seele in einen vernunftbegabten und einen vernunftlosen Teil spaltete. Seither versuchen wir, die animalischen Triebe und Gefühle mit Vernunft zu zähmen – und sind damit nicht wirklich weitergekommen als die alten Griechen. Viele Philosophen haben seitdem versucht, dem Zusammenwirken von Ratio und Emotion auf die Schliche zu kommen. Immanuel Kant legte mit seiner *„Kritik der reinen Vernunft“* Ende des 18. Jahrhunderts den Grundstein für unser wissenschaftlich-rationales Denken. Aber er erkannte schon damals das komplexe Zusammenspiel von Sinnlichkeit und Verstand und somit auch die Grenzen der Vernunft.

Selbst vor dem Hintergrund rationaler Welterklärung leben wir in den Bildern sinnlicher Wahrnehmung

Obwohl wir mithilfe des Verstandes unserer natürlichen Wahrnehmung widersprechend feststellen, dass die Erde sich um die Sonne dreht und nicht umgekehrt, sprechen wir auch heute noch von Sonnenaufgang und Sonnenuntergang. Wir haben zwar die wissenschaftliche Realität akzeptiert, leben aber weiterhin in den Bildern unserer sinnlichen Wahrnehmung.

Der starke Einfluss, den unsere emotionale Befindlichkeit auf unser berufliches und privates Handeln hat, will irgendwie nicht zu unserem Selbstbild von der überlegenen menschlichen Spezies passen. Wenn unser Gehirn so viel komplexer als das anderer Säugetiere ist, warum fällt es uns dann nicht leichter, eine Fremdsprache zu erlernen, im Kopf Schach zu spielen oder die Relativitätstheorie zu begreifen?

Die Veröffentlichungen des Verhaltensforschers Prof. Dr. Gerhard Roth (Roth, 2003) von der Universität Bremen geben darauf beeindruckende Antworten, die uns zu einem Umdenken zwingen. Seinen Ausführungen zufolge ist der allergrößte Teil des menschlichen Gehirns eben nicht mit logischem Denken beschäftigt, sondern damit, Gefühle zu verarbeiten, sie zu bewerten, mit bisherigen Erfahrungen zu vergleichen und folgerichtige Entscheidungen zu treffen, ohne dass uns das bewusst wäre. Entscheidungen entstehen demzufolge in automatisierten Prozessen, in denen unendliche Datenmengen in Bruchteilen von Sekunden abgeglichen werden, ohne dass wir Einfluss darauf nehmen können.

Unser Bewusstsein, das in einem vergleichsweise kleinen Teil des Gehirns, dem präfrontalen Kortex, hinter der Stirn liegt, ist mit solchen Datenmengen schlichtweg überfordert. Um nicht buchstäblich „den Verstand zu verlieren", werden wir über das Vorbewusstsein mit vorsortierten Erinnerungen gefüttert. Unser Bewusstsein ist demnach oft nur das ausführende Organ eines emotional gesteuerten Gefühlsspeichers von unbegrenzter Kapazität.

Hauptanteil unserer Gehirntätigkeit ist nicht die Beurteilung von Fakten, sondern die Verarbeitung von Emotionen

Primäres Ziel unserer Gehirnarbeit ist also nicht die bewusste Verarbeitung der Fakten, um objektiv richtig zu entscheiden, sondern das Erzeugen eines guten Gefühls auf Basis unserer bisherigen Erfahrungen. Wir handeln nach einem individuellen Erfahrungs- und Überlebensmuster, von dem der Verstand gar nichts wissen muss.

In der Regel sind wir damit sehr erfolgreich: In wissenschaftlichen Versuchsreihen konnte nachgewiesen werden, dass emotional getroffene Entscheidungen aufgrund der zu Grunde liegenden unbewussten, aber umfangreichen Datenmenge eine geringere Fehlerquote aufweisen als solche, die auf dem rationalen Abwägen von nur wenigen bewussten Fakten beruhen.

Der Nachteil dieser Entscheidungsmuster: Haben wir in der Vergangenheit in einer Sache negative Erfahrungen gemacht, werden wir uns so lange dagegen entscheiden, bis wir unser Verhalten durch positive Erfahrungen revidieren können.

Endlich kann die Hirnforschung belegen, was lange zu ahnen war:

Wir handeln nicht logisch, sondern „Psycho"-logisch!

Unserem Bewusstsein bleibt lediglich die Aufgabe, Gefühle zu hinterfragen, deren Ursachen zu verstehen und überholte Ängste durch positives Erleben zu überwinden. Verstand hat der, der seine Psyche erkannt hat. Erst wenn uns bewusst ist, wie unser Unbewusstes arbeitet, können wir Einfluss auf unser eigenes Handeln und auf das Handeln anderer nehmen.

Niemand kann unabhängig von seinen Gefühlen entscheiden und handeln

Zum Scheitern verurteilt sind also diejenigen, die weiterhin glauben, unabhängig von ihren Gefühlen entscheiden und handeln zu können. Wer seine Emotionen auszublenden versucht, verbaut sich den Zugang zu seinem Unbewussten und reduziert sich somit auf den geringen Teil seines Wissens, der ihm bewusst ist. Verkopfte Menschen verlieren die Verbindung zu sich selbst und ihrer inneren Persönlichkeit. Das ist verantwortungslos für das eigene Leben, schädlich für jede zwischenmenschliche Beziehung und besonders hinderlich in der Führungsverantwortung.

Sie müssen akzeptieren, dass auch für Sie Gefühle die entscheidende Triebfeder Ihres Lebens darstellen. Wer nicht Opfer seiner emotionalen Programmierungen werden will, muss seine eigene Gefühlswelt und die der anderen begreifen lernen, um Einfluss darauf nehmen zu können.

Unser Verstand ist begrenzter, als wir lange gedacht haben. Beginnend mit den griechischen Philosophen haben wir uns eingebildet, unser Intellekt befähige uns dazu, uns über die Natur zu stellen und die Welt nach unserem Vorbild zu gestalten. Nach unzähligen Kriegen, grenzenlosem Elend und schreiender Ungerechtigkeit müssen wir feststellen, was uns bewegt, ist nicht der Verstand, es sind die emotionalen Kräfte – im Bösen wie im Guten.

In Wirtschaft, Gesellschaft und Management brauchen wir Raum für positive Gefühle und Wertvorstellungen

Hier liegt für mich die größte Herausforderung einer Führungskraft: Die Wurzeln destruktiver Emotionalität zu erkennen und allen schädlichen Gefühlen wie Gier, Hass und Gewalt entgegenzutreten. In Wirtschaft, Gesellschaft und Management brauchen wir Raum für positive Gefühle und Wertvorstellungen. Wenn die Mehrheit aller Führungskräfte so viel psychologisches Bewusstsein hätte, könnten wir alle viel produktiver und zufriedener sein.

1.4 Emotionen, das Über-Lebens-Mittel

Das Stammhirn im Zentrum unseres Hinterkopfes ist der Ursprung unserer Impulsivität. Als Verlängerung unseres Rückenmarkes bildet es die direkte Schaltzentrale unseres Nervensystems und die schnellste Verbindung zu allen Muskeln und Organen. Das Stammhirn ist ein recht primitives, aber effizientes Produkt der Evolution, das wir schon von den Reptilien geerbt haben. Immer, wenn wir uns in lebenswichtigen Situationen befinden, kann das Stammhirn unseren Körper zu blitzschnellen Aktionen bewegen, ohne dass unser Verstand zuvor gefragt wird.

Das Stammhirn im Zentrum unseres Hinterkopfes ist der Ursprung unserer Impulsivität

Denn in Gefahrensituationen, wenn es um die Entscheidung Angriff oder Flucht geht, ist keine Zeit für langwierige Denkprozesse. Hier reagiert das Stammhirn intuitiv auf der Basis genetischer Programmierung oder unbewusster Erfahrung, es hilft uns, kritische Situationen zu meistern und alltägliche Gefahren zu überleben.

Das Stammhirn reagiert intuitiv auf der Basis genetischer Programmierung oder unbewusster Erfahrung

Was unser Stammhirn leisten kann, ist mir vor Jahren bei einem Verkehrsunfall bewusst geworden. Aus einer Seitenstraße kommend, hielt ich mit meinem Wagen an einer vierspurigen Hauptstraße, um rechts abzubiegen. Ich konzentrierte mich auf die von links kommenden Autos, um eine Lücke zum Einfädeln zu nutzen. Als die Straße frei war, gab ich Gas ohne nach rechts zu sehen. Der Wagen schoss voran und kam ruckartig zum Stehen. Obwohl ich bewusst noch die von links kommenden Autos im Blick hatte, hatte mein Stammhirn intuitiv erfasst, dass eine Fahrradfahrerin von rechts kommend diagonal die Fahrbahn kreuzte und die Vollbremsung eingeleitet. Meine bewusste Wahrnehmung setzte erst ein, als ich die Frau vor mir vom Rad kippen sah.

Diese kurze Geschichte zeigt, wie zuverlässig unser Gehirn und die gesamte Motorik arbeiten, wenn es um natürliche Überlebensinstinkte geht. Die Mehrzahl unserer alltäglichen Reaktionen wird von unbewussten Wahrnehmungen und ur-

Unser Alltagsverhalten wird von unbewussten Wahrnehmungen ausgelöst

sächlichen Erfahrungen ausgelöst, ohne dass wir darüber nachzudenken brauchen.

GEFÜHLE SIND DIE WEGWEISER FÜR EIN SCHNELLES UND SICHERES HANDELN. ANGST BEWAHRT UNS VOR UNFÄLLEN. EKEL SCHÜTZT UNS DAVOR, ETWAS VERDORBENES ZU ESSEN. WUT HILFT UNS, GRENZEN ZU VERTEIDIGEN.

Bei vielen Dingen des alltäglichen Lebens ist es geradezu hinderlich, den Verstand einzusetzen. So können zum Beispiel die meisten Menschen ein Tablett mit vollen Gläsern ohne hinzuschauen besser balancieren, als wenn sie über die Augen versuchen, bewusst das Gleichgewicht zu kontrollieren. Hier den Verstand einsetzen zu wollen, heißt, die Sache zu verkomplizieren. So wie unsere Motorik unbewusst abläuft, wird ein Großteil unseres Verhaltens und Handelns von Emotionen gesteuert. Gefühle sind die Signale, an denen wir unser Tun orientieren. Sie sind unser Überlebensmittel.

1.5 Goleman und die Emotionale Intelligenz

Nicht der Intelligenzquotient (IQ) hat den größten Einfluss auf den Erfolg eines Menschen, sondern der Emotionale Quotient (EQ)

Im Jahre 1995 veröffentlichte Daniel Goleman sein Buch „*Emotional Intelligence*", in dem er anhand amerikanischer Studien belegt, dass nicht der Intelligenzquotient (IQ) den größten Einfluss auf den Erfolg eines Menschen hat, sondern der Emotionale Quotient (EQ) – also die Summe seiner emotionalen Kompetenzen. Dieses Buch wurde ein weltweiter Bestseller und ist bis heute über fünf Millionen Mal verkauft und in 30 Sprachen übersetzt worden.

Daniel Goleman ist es zu verdanken, dass der Begriff der Emotionalen Intelligenz sich weltweit durchgesetzt hat. Er beruft sich auf den Psychologen Peter Salovey und gliedert die Emotionale Intelligenz in die fünf Bereiche Selbstwahrnehmung, Selbststeuerung, Selbstmotivation, Empathie und soziale Kompetenz.

Fähigkeiten des Selbstmanagements:

Bei den ersten drei Begriffen handelt es sich um die Fähigkeiten des Selbstmanagements, also des eigenen ichbezogenen Handelns.

Gesunder Umgang mit den eigenen Gefühlen

- SELBSTWAHRNEHMUNG ist die Voraussetzung für einen gesunden Umgang mit den eigenen Gefühlen. Nur wer seine emotionalen Reaktionen körperlich wahrnimmt (Herzklopfen, Muskelanspannung, Bauchschmerzen, Schweißausbruch u.Ä.), kann lernen, angemessen auf seine Gefühle zu reagieren.

- Selbststeuerung heißt, die Gefühle der Situation angemessen zu äußern. Das heißt, nicht immer aus der Haut zu fahren oder in Tränen auszubrechen, aber auch die Emotionen nicht zu unterdrücken. Eine gute Selbststeuerung besitzt, wer sich immer bewusst für eine emotionale Reaktion entscheidet.

Sich immer bewusst für eine emotionale Reaktion entscheiden

- Selbstmotivation ist Folge oder Teil einer gesunden Selbststeuerung. Ein hoch motivierter Mensch weiß seine Emotionen wie Freude, Angst aber auch Wut für eine hohe Leistungsbereitschaft einzusetzen. Überkontrollierten Menschen fällt es oft schwer, sich zu motivieren, weil das Unterdrücken von Gefühlen ihnen Kraft raubt.

Seine Emotionen für eine hohe Leistungsbereitschaft einsetzen

Aber auch die Bereiche des zwischenmenschlichen Miteinanders sind Teil der Emotionalen Intelligenz. Entscheidend für den Erfolg im Leben ist, wie ich auf der Basis eines guten Selbstmanagements den richtigen Bezug zum sozialen Umfeld herzustellen vermag.

Bereiche des zwischenmenschlichen Miteinanders:

- Empathie bezeichnet die Fähigkeit, sich in die Gefühle von anderen Menschen einzufühlen. Voraussetzung ist eine sensible Selbstwahrnehmung und eine Offenheit anderen Menschen gegenüber. Empathische Menschen verstehen, Gesten, Mimik und Verhalten anderer zu deuten und sensibel auf deren Gefühle und Bedürfnisse einzugehen. Empathie ist die Voraussetzung für jede Art von sozialem Miteinander.

Fähigkeit, sich in die Gefühle anderer einzufühlen

- Soziale Kompetenz heißt, auf der Basis von Empathie Einfluss auf andere Menschen zu nehmen. Dazu zählt, sich für sie zu engagieren, sie zu motivieren, sie zu überzeugen und zu gemeinsamen Zielen zu führen. Sozial kompetente Menschen sind Vorbild für andere und müssen alle Kompetenzen gut entwickelt haben, um glaubhaft und erfolgreich zu sein.

Einfluss auf andere Menschen nehmen

Emotionale Intelligenz ist im Gegensatz zum IQ nicht angeboren, sondern erlernbar.

Emotionale Intelligenz ist weit gehend mit dem Wort „Reife" gleichzusetzen

Emotionale Intelligenz ist das Ergebnis von Erziehung, Erfahrungen und der Bereitschaft, das persönliche Verhalten einem sich verändernden Kontext anzupassen. Das heißt, die Emotionale Intelligenz ist weit gehend mit dem Wort „Reife" gleichzusetzen.

Die Reife eines Menschen ist natürlich abhängig vom Alter, aber noch wichtiger sind die individuellen Fähigkeiten und Chancen, aus persönlichen Niederlagen zu lernen und sie zur Veränderung von Verhaltensmustern zu nutzen. Wird zum Beispiel ein junger Mensch durch das Elternhaus zu sehr behütet oder im Erlernen seines Sozialverhaltens behindert, so wird er seinem privaten und beruflichen Erfolg so lange selbst im Wege stehen, bis er entsprechende Erfahrungen nachzuholen und sein Verhalten zu verändern vermag.

Als ich Golemans Buch 1997 in der deutschen Ausgabe las, fiel es mir wie Schuppen von den Augen. Seine Ansätze und Schlussfolgerungen boten mir Erklärung für viele bisher nicht begreifbare Beobachtungen: Das Scheitern hochintelligenter ehemaliger Mitschüler im beruflichen Alltag. Die Bedeutung von Selbstdisziplin für den persönlichen Erfolg. Die Wirkung meiner Begeisterungsfähigkeit auf das Engagement meiner Mitarbeiter. Vieles war nur durch den bewussten Umgang mit Emotionen erklärbar und hatte mit klassischer Intelligenz absolut nichts zu tun.

Ich spürte, dass Goleman mit seinem Buch ein neues Kapitel aufgeschlagen hatte. Ich erkannte plötzlich die Ursachen für das Scheitern brillant geplanter Projekte in der vernachlässigten Überzeugungsarbeit einer einzigen Führungskraft. Mein Fokus auf die Qualität einer Arbeit war wertlos, wenn dem Erfolg im emotionalen Miteinander nicht der Boden bereitet war.

Mein Entschluss stand fest: Ich wollte mich in Zukunft auf die Ursachen und die Wirkung von Emotionen konzentrieren. Für mich wurde die Emotionale Intelligenz und deren Entwicklung in der Führung zur wichtigsten, weil entscheidenden Aufgabe.

Goleman ging in den Neunzigerjahren noch davon aus, dass sich der Sitz unseres emotionalen Erinnerungsvermögens auf das so genannte limbische System beschränken würde, das sich in zwei Lappen rechts und links vom Stammhirn befindet. Hier sollten alle persönlichen und emotionalen Erfahrungen des Menschen gespeichert sein und von dort aus direkt die Reaktionen des Stammhirns beeinflussen.

Heute können Wissenschaftler mithilfe von Wärmebildkameras dagegen nachweisen, dass an der Entstehung und Verarbeitung von Gefühlen fast alle Gehirnregionen beteiligt sind. Ohne dass es uns bewusst ist, verarbeiten wir ständig eine Flut von Sinneseindrücken, vergleichen sie mit vergangenen Erfahrungen und lassen Gefühle entstehen, die uns zum Handeln und Entscheiden bewegen.

An der Entstehung und Verarbeitung von Gefühlen sind fast alle Gehirnregionen beteiligt

Das Ziel sämtlicher Gehirnprozesse ist es, mit möglichst geringem Einsatz einen möglichst hohen Nutzen zu erzielen. Da für ein objektives oder bewusstes Urteil die Zeit fehlt, scannt unser Gehirn vergleichbare Situationen aus der Vergangenheit ab und verlässt sich auf die dort abgespeicherten Emotionen.

Das Ziel sämtlicher Gehirnprozesse ist es, mit möglichst geringem Einsatz einen möglichst hohen Nutzen zu erzielen

Derart getroffene Entscheidungen sind für uns im Nachhinein nicht immer rational nachvollziehbar. So sind wir zum Beispiel bereit, ein überteuertes Produkt zu kaufen, wenn der sympathische Verkäufer uns glaubhaft vermitteln kann, dass wir durch dessen Besitz eine besondere emotionale Erfüllung finden.

Übertragen auf die Aufgaben einer Führungskraft bedeutet das:

> *NICHT GEHALT UND EINKOMMEN SIND LETZTLICH ENTSCHEIDEND FÜR DIE LEISTUNGSBEREITSCHAFT UND DIE LEISTUNGSFÄHIGKEIT EINES MITARBEITERS, SONDERN DIE FRAGE, OB ER DURCH SEIN ENGAGEMENT SEINE EMOTIONALEN BEDÜRFNISSE ERFÜLLT BEKOMMT.*

Diese Bedürfnisse können individuell unterschiedlich sein, aber bei den meisten Menschen spielen Anerkennung, Vertrauen, Verständnis, Einfluss, Zugehörigkeit und Sicherheit, aber auch Status und Titel eine wichtige Rolle.

Das soll nicht heißen, dass das Gehalt eines Mitarbeiters unwichtig für dessen Zufriedenheit wäre. Oft steht die Entlohnung aber nur im Fokus der Arbeitnehmer, weil die emotionalen Bedürfnisse der Mitarbeiter von ihren Führungskräften nicht erfüllt werden. Nicht umsonst spricht man in vielen Unternehmen zynisch von „Schmerzensgeld“ statt von Einkommen.

1.6 Keine Führung ohne Emotionalität

Wie erklärt es sich, dass Generationen von Führungskräften sich so zu geben versuchen, als hätten Gefühle im Business nichts zu suchen, obwohl wir täglich erleben, wie Angst, Neid und Gier immer direkteren Einfluss auf unsere Arbeitswelt nehmen? Besteht da etwa ein Zusammenhang zwischen der erzwungenen Versachlichung unserer Arbeitswelt und dem steigenden Einfluss destruktiver Emotionen? Mir scheint, es wird höchste Zeit zu lernen, in der Führungsverantwortung mit Gefühlen verantwortungsbewusster umzugehen.

Führung ist ein zutiefst emotionales Thema

Vielleicht ist es nachzuvollziehen, dass wir dazu tendieren, Führung mit rationalen Argumenten zu beschreiben und zu verwissenschaftlichen. Ich bin aber der Überzeugung, dass Führung ein zutiefst emotionales Thema ist. Führung entsteht seit Menschengedenken aufgrund ganz natürlicher Auswahlkriterien. Schon bei den meisten Herdentieren finden regelmäßige Zweikämpfe statt. Das erfahrenste und stärkste Tier wird so zum Leittier. Es dient der Herde als Vorbild und gibt ihr durch sein Verhalten die nötige Sicherheit.

Viele Führungskräfte sind ihrer Rolle emotional nicht gewachsen

In menschlichen Gemeinschaften sind Führungsaufgaben weit komplexer. Neben Erfahrung und Machtwillen spielen Intelligenz, soziale und strategische Kompetenz, Kommunikationsfähigkeit, aber auch Status und Beziehungsfaktoren eine Rolle. Führungskräfte zeigen und entwickeln sich immer seltener in offenen Auseinandersetzungen oder durch Bewährungsproben, sondern werden durch die Organisationen in ihre Position befördert, ohne ihrer Rolle emotional gewachsen zu sein.

Viele dieser „Vorgesetzten" verstecken sich hinter ihrer Position. Andere sichern ihre Macht durch Netzwerk- oder Lobbyarbeit. Wieder andere üben sich in einstudiertem Führungsverhalten, ohne echte Führung auszustrahlen. So scheint Führung oberflächlich zu funktionieren, solange wir sie nicht unter qualitativen Aspekten betrachten.

Das Gallup-Institut befragt jedes Jahr die Arbeitnehmer der wichtigsten Industriestaaten nach ihrer emotionalen Bindung an ihre Unternehmen. Nicht zufällig landen die Staaten, in denen traditionell die Gefühle am Arbeitsplatz unterdrückt werden, regelmäßig auf den schlechten Plätzen: Japan, Frankreich und Deutschland. Für die jüngste repräsentative Untersuchung wurden von Oktober bis November 2008 knapp 2.000 ausgewählte deutsche Arbeitnehmer telefonisch interviewt. Zwei Drittel der Beschäftigten sagten aus, sie machten Dienst nach Vorschrift, 20 Prozent hatten bereits innerlich gekündigt. Nur 13 Prozent verspürten eine echte Verpflichtung gegenüber dem Arbeitgeber (in den USA sind es dagegen 29 Prozent).

Falsch verstandenes Führungsverständnis in Deutschland

Die Gallup-Studie ist ein Beleg für ein falsch verstandenes Führungsverständnis in Deutschland. Gallup-Berater Marco Nink meint, schuld an den Problemen sei oft die direkte Führungskraft. Viele Beschäftigte bemängelten, dass sie zu wenig Anerkennung erhalten oder ihre Meinung nicht gehört werde. *„Führungskräfte müssen sich zunächst ihrer Stärken und Schwächen bewusst werden und erkennen, wie ihr Führungsverhalten von den Teammitgliedern wahrgenommen wird."*

Wer die Gefühle seiner Mitarbeiter und seine eigenen nicht ernst nimmt, wird als Führungskraft nicht anerkannt

Wer die Gefühle seiner Mitarbeiter nicht ernst nimmt oder glaubt, seine eigenen Gefühle nicht einbringen zu müssen, wird als Führungskraft keine Anerkennung finden, sondern lediglich von seinen Mitarbeitern geduldet. Solch emotionslose Chefs strahlen keine Führungs-Kraft aus. Statt motivierende Persönlichkeiten sind sie lediglich Objekt einer Organisation. Ihnen fehlt es an der Energie, die Ressourcen ihrer Mitarbeiter zu mobilisieren.

> *Echte, erfolgreiche Führungskräfte besitzen eine emotionale Ausdrucksfähigkeit, die beim Mitarbeiter eine starke Resonanz erzeugt.*

Wie der Klangkörper eines Musikinstrumentes verstärkt das Team den Ton, den die Führungskraft anschlägt. Je nach Situation kann so ohne Umwege auf die Bedürfnisse eingegangen und die notwendige Stimmung erzeugt werden:

- Verständnis schafft Vertrauen und Sicherheit.
- Anerkennung fördert die Entwicklungsbereitschaft.
- Freude stärkt das Engagement und den Teamgeist.
- Entscheidungsstärke und Dominanz vermitteln Sicherheit und Ausrichtung.
- Gezielte Aggression setzt glaubwürdige Grenzen und schafft verbindliche Regeln.
- Begeisternde Visionen schaffen Raum für Hoffnung und Sehnsüchte.

Ehrliche und nachvollziehbare Gefühle sind in ihrer Situation wirkungsvoll und zielführend

Alle geäußerten Gefühle sind in ihrer Situation wirkungsvoll und zielführend, wenn sie ehrlich und für die Mitarbeiter nachvollziehbar sind. Aber: Die Führungskraft muss unterschiedliche Gefühlsäußerungen wechselweise einsetzen, um eine emotionale Balance zu halten. Und hier liegt das Hauptproblem:

Führt eine Führungskraft zum Beispiel nur mit Wut und Aggression, weil sie in ihrer Führungsrolle überfordert ist, oder weil sie andere Emotionen nicht leben kann, schürt sie die Ängste der Mitarbeiter und zerstört deren Vertrauen.

Zuerst muss die Führungskraft die eigenen Emotionen verstehen und relativieren können

Wer mit Emotionen auf Dauer erfolgreich führen will, muss deshalb zuerst die eigenen Emotionen verstehen und relativieren können, um sie auch zum Nutzen der Gemeinschaft einsetzen zu können. Und dazu bedarf es der Selbsterkenntnis und Selbsterfahrung.

1.7 Die Grenzen klassischer Führungsmodelle

Alle Jahre wieder werden neue Führungsmodelle populär, die das Thema Führung auf eine andere Sichtweise zu interpretieren und zu organisieren versuchen. Hochtrabende Namen wie Management by Delegation, Management by Exception oder Management by Results versprechen effizientere Führungstechniken, bessere Anreizsysteme oder wirkungsvollere Kontrollmechanismen. Mithilfe unzähliger Berater werden Unternehmen reorganisiert und deren Führungskräfte in den entsprechenden Techniken geschult – so lange, bis das Modell seine Grenzen erfährt und ein neuer Trend in Mode kommt.

Echte Führung entsteht nicht durch Modelle, sondern durch Persönlichkeit und Erfahrung im Umgang mit den Emotionen der Beteiligten

Alle Modelle haben ihre Stärken, weil sie Aspekte behandeln, die von anderen eher vernachlässigt werden. Aber alle machen den gleichen Fehler: Sie versuchen, das anspruchsvolle und hochkomplexe Thema Führung aus sachlich-rationaler Sicht zu erfassen und scheitern letztendlich daran, dass echte Führung sich nicht über Techniken erlernen lässt, sondern durch Persönlichkeit und Erfahrung im Umgang mit den Emotionen der Beteiligten entsteht.

Als Beispiel möchte ich das von Peter Drucker entwickelte MANAGEMENT BY OBJECTIVES (MBO) anführen, ein sehr Erfolg versprechendes Modell zur Führung von Mitarbeitern durch Zielvereinbarungen, weil es neben den Unternehmenszielen auch die Wünsche der Mitarbeiter in den Mittelpunkt seiner

Methoden stellt. Der in Wien geborene, 1933 emigrierte Drucker war Professor für Philosophie und Politik in den USA und gilt als Pionier der modernen Managementlehre.

Ein Beispiel zu Management by Objectives

Vor wenigen Jahren wurde ich gebeten, in einem mittelständischen Industrieunternehmen eine Stimmungsanalyse durchzuführen, um die Ursachen eines ungewöhnlichen Leistungsabfalls zu lokalisieren. In den betreffenden Abteilungen wurden zweieinhalb Jahre zuvor Zielvereinbarungsgespräche eingeführt und alle Führungskräfte entsprechend geschult.

In mehreren Workshops hinterfragten wir die Meinungsbilder von 18 Teams zu ihrer Tätigkeit, zu den Führungskräften und zum Unternehmen.

Zu unserer großen Überraschung erhielten wir von Team zu Team völlig unterschiedliche Stimmungsbilder.

- In vier Teams war die Situation desolat, die Vorgesetzten wurden pauschal abgelehnt, 30 bis 40 Prozent der Mitarbeiter hatten bereits innerlich gekündigt und es kam während der Workshops zu Tränen- und Zornesausbrüchen.
- In zwölf Teams wurden Lob und Kritik sehr differenziert vergeben. In den Beurteilungen der direkten Führungskräfte gab es innerhalb der Teams deutliche Unterscheidungsmerkmale. Die inneren Kündigungen lagen zwischen zehn und 25 Prozent.
- In zwei Teams lagen die Einschätzungen weit gehend im grünen Bereich. Die Führungskräfte wurden von allen Mitarbeitern anerkannt. Kritik wurde konstruktiv geäußert. Es gab keine inneren Kündigungen.

Nach eingehender Detailanalyse ergab sich folgendes Bild:

- Die Führungskräfte der desolaten Teams hatten entgegen der Anweisung der Geschäftsleitung noch gar keine Zielvereinbarungsgespräche geführt oder missbrauchten diese, um Einzelne an den Pranger zu stellen. Alle vier Führungskräfte waren mit ihren Aufgaben emotional überfordert und versuchten, ihre Verantwortung auf andere abzuwälzen.
- In allen heterogenen Teams wurden regelmäßig Zielvereinbarungsgespräche durchgeführt. Die sehr gegensätzlichen Beurteilungen durch die Mitarbeiter belegten aber, dass es den Führungskräften nicht immer gelungen war, diese Ge-

spräche ausgewogen und in einem partnerschaftlichen Verhältnis zu führen. Stattdessen schienen diese Teams in zwei Fraktionen gespalten, einerseits die geförderten Lieblinge des Chefs, andererseits die bereits abgeschriebenen Kollegen.
- In den Topteams pflegten beide Führungskräfte über die Jahresgespräche hinaus ein sehr kollegiales und persönliches Verhältnis zu ihren Mitarbeitern. Diese beurteilten sich selbst als gut informiert, fühlten sich in ihrer Arbeit wertgeschätzt und hatten Vertrauen zu ihren Chefs.

Nicht das Führungsmodell ist entscheidend, sondern die Persönlichkeit und das Menschenbild der Führungskraft

Dieses Beispiel zeigt, Zielvereinbarungsgespräche können ein sehr wirkungsvolles Mittel der Mitarbeiterführung sein, wenn es gelingt, die Arbeitnehmer abzuholen und zu entwickeln. Aber nicht das Führungsmodell ist entscheidend, sondern die Persönlichkeit und das Menschenbild der Führungskraft. Emotional gereiften Führungskräften gelingt es auch ohne theoretisches Modell, gute Führungskräfte zu sein, weil sie Mitarbeiter fördern, sie achten und unterstützen.

Überforderten Führungskräften helfen aber auch gut vorbereitete Jahresgespräche, objektive Bewertungsbögen und das beste Weiterbildungsprogramm wenig, wenn sie ihre Ängste nicht in den Griff bekommen, übertriebenen Ehrgeiz nicht zu zähmen wissen oder keine Selbstkritik zulassen.

Die Gefühlslage der Führungskraft ist das entscheidende Kriterium für die Beziehung zu den Mitarbeitern und für die Qualität der Führung. Techniken können als Richtschnur dienen, für die Umsetzung braucht es Fingerspitzengefühl, Geduld, Toleranz und Demut – kurz: emotionale Kompetenz.

TEIL 2 SELBSTMANAGEMENT DER EMOTIONEN

Nur wenige Führungskräfte sehen ein, dass sie letztendlich nur eine einzige Person führen können und auch müssen. Diese Person sind sie selbst.

Peter F. Drucker

Am Abend des 16. Februar 1962 erreichte die stärkste Sturmflut der letzten hundert Jahre die deutsche Nordseeküste. Als die ersten Deiche brachen, glaubten sich die Menschen im 100 Kilometer elbaufwärts liegenden Hamburg noch in Sicherheit. Keine der zuständigen Organisationen traf Vorkehrungen für die bevorstehende Katastrophe. Als in der Nacht zum 17. Februar die ersten Schreckensmeldungen eintrafen, entbrannte ein heilloses Gerangel um die Zuständigkeiten für die Rettungsaktionen von Polizei, Feuerwehr, Rotem Kreuz und Technischem Hilfswerk.

Noch in der Nacht eilte der damalige Polizeisenator von Hamburg und spätere Bundeskanzler Helmut Schmidt von einer Sitzung in Berlin zurück in die Hansestadt, um in den frühen Morgenstunden die Zügel an sich zu reißen. Energisch übernahm er das Kommando aller Rettungsdienste und entmachtete deren sich streitende Organisationsleiter. Schmidt koordinierte Hubschraubereinsätze, Rettungsaktionen auf dem Wasser und dirigierte 20.000 Helfer. Unterstützung holte er sich nicht nur aus der Zivilbevölkerung, sondern auch vom Militär und von der Nato, obwohl das nach damaligem Recht verboten war.

Helmut Schmidts beherzter Einsatz rettete wahrscheinlich Tausenden Hamburgern das Leben und macht ihn bis heute zum unangefochteten Vorbild für eine selbstsichere, verantwortungsbewusste, souveräne und authentische Führungskraft. Trotz mangelnder Erfahrung hatte er den Mut, sich über Gesetze, Zuständigkeiten und Interessen Einzelner hinwegzusetzen und dem bedingungslosen Einsatz aller Hilfskräfte die nötige Priorität zu geben.

In Krisen wie der Sturmflut von 1962 zeigt sich, wer als Führungskraft Ängste zu überwinden, zwingende Bedürfnisse von

Machtinteressen zu trennen und komplexe Organisationen zu leiten vermag.

Gute Führung braucht die emotionale Stärke und Ausdrucksfähigkeit einer Persönlichkeit

Da hilft kein Lehrbuch, da braucht es die emotionale Stärke und Ausdrucksfähigkeit einer Persönlichkeit:

- Selbstsicherheit – die eigenen Ängste akzeptieren und darüber eine innere emotionale Sicherheit finden.
- Souveränität – sich unabhängig von Macht- oder Profitinteressen eine eigene Meinung bilden.
- Verantwortungsbewusstsein – sich für das Wohl anderer zuständig fühlen und danach handeln.
- Durchsetzungskraft – aus der inneren Überzeugung heraus sich auch gegen Widerstände durchsetzen.
- Mut – neue Wege gehen, Grenzen überschreiten oder sich über Regeln hinwegsetzen, wenn es notwendig ist.

Gerade krisenähnliche Führungssituationen fordern die emotionale Balance und Kompetenz einer Führungsautorität

Führung entsteht eben nicht durch Innehaben einer Position, sondern erwächst aus der Charakterfestigkeit einer Persönlichkeit. Die Basis hierfür ist immer die Fähigkeit, die eigenen Emotionen zu verstehen, sie zu steuern und im Sinne des Allgemeinwohls einzusetzen. Im stressfreien Alltag ist das oft auf sachliche Weise zu regeln. Je konfliktreicher und krisenähnlicher eine Führungssituation dagegen ist, desto bedeutender wird die emotionale Balance und Kompetenz einer Führungsautorität.

2.1 Selbstreflexion

Anhand unseres Konsumverhaltens können wir Rückschlüsse auf die Bedürfnisse und das Bewusstsein unterschiedlicher Altersgruppen ziehen. So haben für junge Menschen bis zum dreißigsten Lebensjahr Geselligkeit, Mobilität und Flexibilität höchste Priorität. Ab 30 bekommen Wohnen, Familie und Immobilien einen größeren Stellenwert. Zwischen 40 und 50 treten Selbstbesinnung und Gesundheit in den Fokus.

So ist zu erklären, warum in den Changeprozessen vieler Unternehmen in den letzten Jahren ältere und erfahrene Führungskräfte durch junge Nachwuchskräfte, oft unter 30 Jahren, ersetzt wurden. Die Chance, nach wenigen Jahren Berufserfahrung schon Karriere zu machen, war noch nie so groß wie heute, weil in jungen Jahren die Bereitschaft, weit reichende

Veränderungen mitzutragen, weit größer ist als im gesetzten Alter. Das mag jungen und ehrgeizigen Menschen sehr entgegenkommen, bringt aber einen schwer wiegenden Nachteil mit sich. Junge Führungskräfte haben nicht mehr die Zeit wie vor 20 Jahren, persönlich mit den Aufgaben und der gestiegenen Verantwortung zu wachsen. Ohne Vorbereitung werden sie in den Job geschmissen, sind natürlich überfordert und haben nicht selten Akzeptanz- und Autoritätsprobleme bei den älteren Mitarbeitern.

Junge Nachwuchskräfte haben wenig Zeit, in die Führungsverantwortung hineinzuwachsen

Deshalb gilt für Sie besonders, was für alle gilt: Konzentrieren Sie sich trotz der hohen Belastung auf Ihre Selbstreflexion, um das Fundament Ihrer Persönlichkeit zu stärken. Im Detail heißt das:

Sich trotz hoher Belastung auf die Selbstreflexion konzentrieren

- SELBSTWAHRNEHMUNG – die eigenen Gefühle erkennen, sich deren Ursachen und Auswirkungen bewusst machen.
- SELBSTEINSCHÄTZUNG – die eigenen Stärken erkennen sowie Grenzen und Potenziale bewusst machen.
- SELBSTVERTRAUEN – über ein positives Selbstwertgefühl das Selbstbewusstsein entwickeln.

2.1.1 Den Blick nach innen richten

Wer eine Aufgabe zu erfüllen hat, wird sich im Normalfall auf diese konzentrieren und hat deshalb seine Wahrnehmung nach außen gerichtet. Das ist in der Regel sinnvoll, um sich nicht von Nebensächlichem ablenken zu lassen. Viele Menschen, die im Dauerstress stehen, können aber ihre Aufmerksamkeit gar nicht mehr zurücknehmen. Ihre Wahrnehmung ist nur noch nach außen gerichtet und ihnen fällt es sehr schwer, die Verbindung zu den eigenen Körpersignalen aufzubauen.

Besonders in Stresssituationen ist unsere Aufmerksamkeit nach außen gerichtet

So kommt es in meinen Seminaren oft dazu, dass insbesondere männliche Teilnehmer der Überzeugung sind, in einer akuten, belastenden Situation keine Gefühle zu haben, obwohl die Zeichen für die anderen deutlich sichtbar sind: Schweißperlen auf der Stirn, zitternde Hände oder plötzliches Erröten sind untrügliche Zeichen emotionaler Anspannung.

Die Selbstwahrnehmung der beschriebenen Personen ist stressbedingt aber so blockiert, dass sie nicht mehr spüren, was in ihrem Körper vor sich geht. Sie behaupten auch regelmäßig, keine Angst zu haben, aber auch für psychologische Laien ist sichtbar, dass das Gegenteil der Fall ist.

In einem Training kann das zur allgemeinen Erheiterung beitragen. In einer Führungssituation sind solche Momente aber desolat:

> *WENN DAS VERHALTEN DER FÜHRUNGSKRAFT IM WIDERSPRUCH ZU IHREN AUSSAGEN STEHT, VERLIERT SIE ZWANGSLÄUFIG AN GLAUBWÜRDIGKEIT.*

Für Führungskräfte ist es wichtig, immer wieder Abstand zum Geschehen zu gewinnen

Die Mitarbeiter schließen vom Einzelnen auf das generelle Verhalten und schon ist die Autorität der Führungskraft untergraben. Deshalb ist es für Führungskräfte wichtig, immer wieder Abstand zum Geschehen zu gewinnen, den Blick nach innen zu richten, die eigenen Gefühle zu reflektieren und deren Auswirkungen zu berücksichtigen. Dazu gibt es zahlreiche Verhaltenstipps oder Mentaltechniken. An dieser Stelle ein paar Empfehlungen, die sich zur kurzzeitigen Anwendung anbieten:

So verlieren Sie in Stresssituationen nicht den Kontakt zu sich selbst

- AUGEN SCHLIESSEN – Unsere Augen als wichtigstes Sinnesorgan sind ständig an der Außenwelt orientiert. Das Schließen der Augen hilft, den Blick nach innen auf den Körper zu richten und für ein paar Sekunden zur Besinnung zu kommen. Achten Sie auf Ihre Atmung! Wo drückt oder zwickt es? Entspannen Sie sich! Spüren Sie, wie das Blut Ihre Hände wärmt?
- KRÄFTIGES AUSATMEN – Ein mehrmaliges betontes Ausatmen wirkt sich beruhigend auf Puls und Blutdruck aus. Machen Sie jeweils zwei Sekunden Pause, bevor Sie wieder kurz Luft holen und es wiederholen. Wenn Sie ungestört sind, dürfen Sie dabei laut stöhnen. Stöhnen ist unser ganz natürlicher Reflex zum Abbau von Anspannung und Stress.
- STIMMUNGS-CHECK – In stressigen Situationen, z.B. vor einem wichtigen Gespräch, prüfen Sie Ihre Stimmung, indem Sie mit den Händen Kontakt zu Ihrem Körper aufnehmen. Fühlen Sie Ihren Puls! Machen Sie sich bewusst, ob Sie kalte Hände oder heiße Ohren haben! Legen Sie eine Hand auf den Bauch, bis sich Ihre Atmung beruhigt hat!
- FEEDBACK EINHOLEN – Zu besonderen Herausforderungen sollten Sie immer ein Feedback von einer Vertrauensperson einholen: Ihre Ausdrucksweise, der äußere Eindruck oder Ihre Wirkung auf andere können Sie selbst nicht beurteilen. Die ehrliche Meinung von Menschen, die es gut mit Ihnen meinen, hilft, Fehler bewusst zu machen und Sicherheit zu finden.

2.1.2 Selbstkritik und Selbsteinschätzung

Die klassische Fachkraft ist es gewohnt, von Vorgesetzten, aber auch Kollegen beurteilt und kritisiert zu werden. Es fällt ihr vielleicht nicht immer leicht, die Kritik anzunehmen, auch wenn sie professionell und wertschätzend geäußert wird, aber sie hat die Chance, aus ihr zu lernen und sich persönlich weiterzuentwickeln.

Auch Führungskräfte müssen Kritik aushalten können

Wer glaubt, dass er sich durch die Beförderung zur Führungskraft aus der Schusslinie stehlen kann und Kritik jetzt nur noch selbst verteilt, wird schnell eines Besseren belehrt. Einerseits wächst der Druck von oben, weil Sie die Verantwortung für eine ganze Gruppe übernehmen, andererseits sorgen die neuen Machtverhältnisse für zusätzlichen Konfliktstoff.

Wer schon einmal innerhalb eines Teams befördert wurde, kann davon berichten, dass sich mit dem Rollenwechsel auch das Verhältnis zu den Kollegen verändert. Ein offenes und kollegiales Miteinander ist nicht mehr selbstverständlich, weil die Mitarbeiter natürlicherweise auf Distanz gehen. Informationen fließen nicht mehr ungefiltert, Kritik wird zurückgehalten, Widerstand wird eher subtil geäußert, weil man persönliche Nachteile fürchtet.

Nur wer gelernt hat, sich selbst einzuschätzen, hat die Chance, Führungsfehler zu vermeiden

Doch allein mit der Bereitschaft, Kritik anzunehmen, ist es nicht getan. Als Führungskraft müssen Sie lernen, sich selbst einzuschätzen, um sich Ihr Handeln bewusst zu machen, Ihre Grenzen zu erkennen und Führungsfehler zu vermeiden.

Wem das nicht gelingt, findet sich schnell in der so genannten SANDWICH-POSITION wieder: Von oben wirkt der wachsende Druck der Vorgesetzten, von unten steigt der Widerstand der eigenen Mitarbeiter.

Mir persönlich haben vier Ebenen der Selbsteinschätzung und Selbstreflexion weitergeholfen:

Vier Ebenen der Selbsteinschätzung

1. STRATEGISCHE URSACHENFORSCHUNG – Nichts geschieht aus Zufall. Erfolge, Niederlagen und Konflikte sind die Folge positiver und negativer Faktoren. Analysieren Sie regelmäßig, warum Sie erfolgreich waren und stärken Sie diese Qualitäten. Finden Sie heraus, woran Sie gescheitert sind, und suchen Sie für Problemfelder bessere Lösungen!

2. REGELMÄSSIGE MITARBEITERFEEDBACKS – Ihre Mitarbeiter kennen Sie besser, als Sie ahnen. Korrigieren Sie deshalb Ihr Selbstbild regelmäßig durch Feedbacks Ihrer Mitarbeiter! Sie erhalten so die Informationen, die Sie benötigen: Sie bekommen Bestätigung in Ihren eigenen Stärken, Sie erkennen Ihre Führungsfehler, vermeiden Konflikte und können besser und leichter Entscheidungen treffen.
3. PROFESSIONELLE BEGLEITUNG – Wenn es um neue Aufgaben oder um weit reichende Konflikte geht, ist es sinnvoll, Beratung durch Spezialisten einzuholen. Je nach Themenfeld kann das ein erfahrener Kollege Ihres Vertrauens oder ein externer Coach sein. Wichtig ist nur, dass die Person neutral und selbstbestimmt zu reflektieren weiß.
4. SELBSTERFAHRUNGSTRAININGS – In Krisen ist es notwendig, sich grundlegend infrage zu stellen, um zu neuen Lösungen zu gelangen oder sich neu zu orientieren. Dann kommen Sie mit rationalen Analysen und fachlichem Coaching nicht weiter. Selbsterfahrungstrainings sind so etwas wie die emotionale Ebene der Beratung und stärken auf einer tiefen und persönlichen Ebene Ihr Selbstbewusstsein.

2.1.3 Selbstbild und Fremdbild

Selbstreflexion reduziert Diskrepanzen zwischen Selbstbild und Fremdbild

Alle Methoden der Selbstreflexion dienen dazu, die vorhandenen Diskrepanzen zwischen dem Selbstbild, also dem, was ich selbst glaube zu sein, und dem Fremdbild, dem Bild, das andere von mir haben, zu reduzieren. Je geringer die Unterschiede zwischen beiden Bildern sind, desto echter und authentischer wirke ich auf meine Mitmenschen und umso selbstsicherer und konfliktfreier kann ich als Führungskraft agieren.

Von den amerikanischen Sozialpsychologen Joseph Luft und Harry Ingham stammt das Modell des nach ihren Initialen benannten Johari-Fensters, das die Unterschiede zwischen Selbstbild und Fremdbild veranschaulicht. Das Wesen eines Menschen ist seiner Umwelt zum Teil bekannt, zum Teil unbekannt (senkrechte Ebenen). Aus Sicht der Person gibt es ebenfalls zwei Bereiche, die ihr bekannte Persönlichkeit und das ihr unbekannte Selbst (waagerechte Ebenen).

Daraus ergibt sich eine Matrix mit folgenden vier Quadraten:

A Der ÖFFENTLICHE RAUM, der allen bekannt ist
B Die PRIVATPERSON, die nur mir bekannt ist
C Der BLINDE FLECK, den nur meine Mitmenschen sehen
D Das UNBEWUSSTE, das allen unbekannt ist

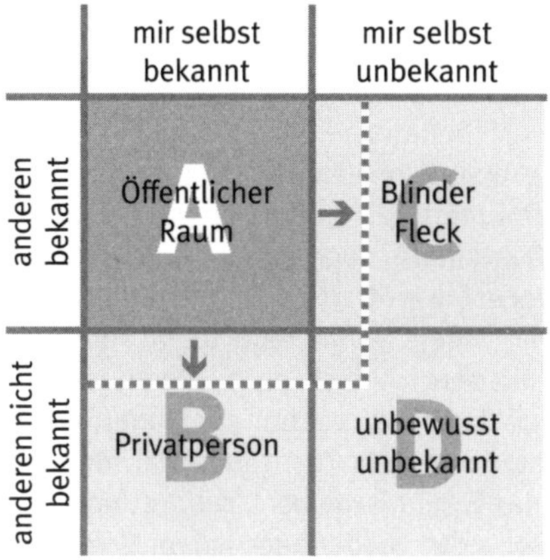

Das Johari-Fenster veranschaulicht die Unterschiede zwischen Selbst- und Fremdbild

Feedbacks, Coaching und Seminare helfen, den Blinden Fleck bewusst zu machen und den öffentlichen Raum A zu vergrößern. Ein offener und selbstkritischer Umgang mit den Mitarbeitern bewirkt zusätzlich eine Verkleinerung des privaten Bereiches und dadurch eine weitere Öffnung des öffentlichen Raums. Die Größe von A steht für die Selbstsicherheit und das Selbstbewusstsein eines Menschen und ist ein wichtiges Kriterium für die Akzeptanz einer Führungskraft.

Ein möglichst großer öffentlicher Raum ist ein wichtiges Kriterium für die Akzeptanz einer Führungskraft

2.1.4 Selbstvertrauen, Selbstwert, Selbstbewusstsein

Meine Deutschlehrerin bezeichnete Johann Wolfgang von Goethe gerne als das letzte Genie unserer Zeit. Er war Dichter, Theaterdirektor, Kunstsammler, Politiker, Geologe, Physiker, Alchemist und vor allem ein begnadeter Schriftsteller. Für mich entstand ein Bild von einem unerreichbaren Wesen, viel zu weit weg, als dass ich als simpler Schüler irgendetwas von ihm hätte lernen können. Mühselig quälte ich mich durch seine Texte, um zu verstehen, was dem Genie vor 200 Jahren Bedeutendes aus der Feder geflossen war.

Bis ich eines Tages das Goethe-Museum in Weimar besuchte. Von Exponat zu Exponat bröckelte das unerreichbare Denkmal und mir wurde ein greifbares Vorbild sichtbar: neugierig, ehrgeizig, selbstkritisch, suchend bis zur Selbstaufgabe. Am meisten faszinierten mich die jahrelangen Briefwechsel mit Schiller, in denen er von seiner quälenden Arbeit am Faust spricht und seinen Selbstzweifeln, diesen alten Stoff jemals brauchbar verarbeiten zu können. Ich fand einen Menschen, der für seine Ansprüche kämpfen musste, der die Bestätigung und die Aufmunterung von Kollegen brauchte, um weiterzumachen. Ich erkannte, auch Goethe hatte einmal klein angefangen, bevor er ein großartiger Schriftsteller wurde. Ein Genie hatte ich mir anders vorgestellt, dafür entdeckte ich einen Menschen, mit dem ich mich identifizieren konnte.

Diese faszinierende Erkenntnis veränderte mein Selbstbild ganz entscheidend. Selbstvertrauen war für mich zuvor ausschließlich das Ergebnis meiner Leistung und meiner Fähigkeit gewesen. Bei jeder Niederlage, jedem Scheitern, jeder Unkenntnis brach mein Selbstvertrauen in sich zusammen, weil ich mich in einer Welt voller Genies als minderwertig fühlte. Durch zwanghafte Leistungsbereitschaft versuchte ich, mein mangelndes Selbstwertgefühl auszugleichen und spürte doch, das war ein Fass ohne Boden.

Echtes Selbstwertgefühl ist unabhängig von Anstrengung, Engagement und Begabung

Die Erkenntnis, *„man wird nicht als Genie geboren, auch Goethe musste sich den Erfolg erarbeiten“*, empfand ich als Aufwertung meines Ichs. Erstmalig fühlte ich etwas, das man Selbstwert nennt: eine tiefere innere Sicherheit, unabhängig von Anstrengung, Engagement und Begabung. Meine Leistungsbereitschaft verlor etwas an Angst, nicht zu genügen, und gewann an Selbstbestimmtheit: Ich leiste etwas, weil ich Spaß daran habe, etwas zu erreichen. Aber auch ohne das bin ich ein wertvoller Mensch. Ich entscheide, was mir guttut, auch hinsichtlich der Fähigkeiten so genannter Genies.

EIN POSITIVES SELBSTWERTGEFÜHL IST EIN WICHTIGER SCHRITT, UM ALS FÜHRUNGSKRAFT NICHT ZUM OPFER DER EIGENEN ÄNGSTE ZU WERDEN.

Nur ihrer selbst sichere Führungskräfte können auch ihren Mitarbeitern die notwendige Sicherheit vermitteln

Wer als Kind wenig Akzeptanz und Liebe bekommen hat, ist hier im Nachteil und sollte die verpasste Entwicklung nachholen, um das Defizit nicht sein Leben lang durch übersteigerte Leistung ausgleichen zu müssen. Führung ohne Selbstwertgefühl ist wie ein Fass ohne Boden: So viel Sie auch leisten, Sie finden keine Sicherheit in sich selbst. Und die ist notwendig, um Ihren Mitarbeitern die notwendige Sicherheit zu geben.

Wenn Sie den Unterschied zwischen dem flüchtigen Gefühl der Bestätigung durch eine aktuelle Leistung und der Gelassenheit eines dauerhaften positiven Selbstwertgefühls kennen, dann ist das Teil Ihres Selbstbewusstseins. Damit meine ich nicht das selbstsichere Imponiergehabe, das oft als Selbstbewusstsein ausgegeben wird, sondern echtes Selbstbewusstsein: nämlich sich seines „Selbst"bewusstsein.

Für Sie als Führungskraft ist echtes Selbstbewusstsein das höchste anzustrebende Gut, weil Sie sich damit all ihrer Gefühle und emotionalen Reaktionen bewusst werden. Das heißt, Sie sind nie das Opfer Ihrer Ängste, Ihrer Zwänge oder Ihrer emotionalen Umstände. Sie handeln nicht aus einer provozierten Laune heraus, sondern entscheiden und agieren in vollem Bewusstsein. Das klingt in der Theorie so einfach, ist es in der Praxis aber gar nicht. Es beginnt damit, dass wir Stressphasen kaum vermeiden können, dass wir unter Druck Entscheidungen fällen müssen oder dass Mitarbeiter sehr schnell wissen, wie wir in ihrem Sinne zu beeinflussen sind. Selbstbewusstsein heißt, auch unter Stress Distanz zu sich selbst herzustellen, eine wichtige Entscheidung zu vertagen, wenn da noch eine Spur von schlechtem Gefühl bleibt, oder den Mut zu haben, zu einer falschen Entscheidung zu stehen.

Als selbstbewusste Führungskraft werden Sie sich all ihrer Gefühle und emotionalen Reaktionen bewusst

Selbstbewusstsein ist in der Psychologie die tiefste Bewusstseinsebene und nur über intensive Selbstreflexion, Persönlichkeitsarbeit und Selbstwert zu entwickeln.

Vergleichen wir diese Persönlichkeitsaspekte mit dem Bild eines Eisberges, so sehen wir nur einen kleinen Teil der Persönlichkeit aus dem Wasser ragen: Die Selbstsicherheit. Die drei Ebenen unter dem Wasserspiegel entsprechen dem Unbekannten einer Persönlichkeit. Sie bleiben uns zunächst verborgen, beeinflussen aber das Sichtbare. Je mehr Selbstvertrauen, Selbstwert und Selbstbewusstsein ein Mensch hat, desto stabiler ist die Selbstsicherheit nach außen.

Vergleichen wir die Persönlichkeit mit dem Bild eines Eisberges, so sehen wir nur einen kleinen Teil aus dem Wasser ragen: Die Selbstsicherheit

Erst durch die Erkenntnisse der aktuellen Hirnforschung (Roth, 2003) können wir die Komplexität der Lebensaufgabe erahnen, die in der Entwicklung unseres Selbstbewusstseins steckt. Wenn uns bisher tatsächlich nur minimale Teile unserer Gehirntätigkeit bewusst sind, besitzen wir ein unendliches Potenzial an ungelösten Gefühlen und Erkenntnissen. Wir tragen die Lösungen für unsere Lebensaufgaben schon in uns, sie müssen uns nur noch bewusst werden.

Wer den Mut hat, die ganze Dimension seines unerfüllten Bewusstseins zu erfahren, der sollte sich über Traumarbeit, Trancen oder Hypnose mit seinem Unbewussten beschäftigen. Wer gelernt hat, diesem Unbewussten zu vertrauen, kann sich zum Beispiel programmieren, in wichtigen Fällen früh aufzuwachen, um kreative Lösungen zu finden oder schwierige Entscheidungen zu treffen.

Zahlreiche Wissenschaftler, Künstler und Führungskräfte haben beschrieben, wie sie ihre Entdeckungen, Erfindungen oder Kunstwerke geträumt und sich und die Welt damit bereichert haben.

2.2 Die eigenen Emotionen steuern

Als 1997 das Buch von Daniel Goleman *„Emotionale Intelligenz“* ins Deutsche übersetzt wurde, entstand ein hintergründiger Übersetzungsfehler, der noch heute symbolisch für die deutsche Sprache und unsere Einstellung steht. Das Wort *„Controlling“* in der amerikanischen Originalausgabe wurde im Deutschen mit *„Kontrolle“* übersetzt und damit inhaltlich verfälscht, denn mit Controlling war die Steuerung von Gefühlen gemeint und nicht deren Kontrolle.

Es geht nicht darum, Gefühle an- oder auszuschalten, sondern darum, sie situationsangemessen zu dosieren

Dieser Fehler scheint mir deswegen so typisch, weil wir Deutschen stärker als andere Nationen in Extremen oder besonders ausschließlich denken. Es geht aber nicht um ein Entweder-oder, also darum, die Gefühle an- oder auszuschalten, sondern darum, sie situativ zu dosieren, also den Grad der geäußerten Gefühle zu steuern – eben Controlling.

Besonders wichtig ist die Kunst des emotionalen Controllings in der Führungsarbeit. Fast täglich entstehen Situationen, die man als Führungskraft weder durch das Unterdrücken seine Gefühle lösen kann, noch dadurch, dass man sie voll auslebt.

Wenn ich zum Beispiel als Teamleiter sichergehen will, dass kritische Fehler sich nicht wiederholen, muss ich in meiner Kritik die Tragweite des Problems emotional zum Ausdruck bringen: Ich muss zum Beispiel meine Stimme heben, härtere Betonungen setzen und meine Betroffenheit zeigen, um die Kollegen zu erreichen. Ich darf aber meine eventuell vorhandene Wut oder Angst nicht an den Mitarbeitern austoben, denn das ist nicht zielführend. Es kommt auf die richtige Dosierung an: Ist der Fehler erstmalig aufgetreten, drücke ich mich vorsichtig aus, kommt es zum wiederholten Mal vor, dürfen und müssen die Wogen höher schlagen, um Grenzen aufzuzeigen.

„Der Ton macht die Musik", sagt ein Sprichwort und meint damit: Nicht der Inhalt, sondern die emotionale Stimmung entscheidet über die Wirkung einer Aussage. Genau das ist auch bei der Führungsarbeit der Fall. Das Steuern der Gefühle ist eine der wichtigsten emotionalen Führungskompetenzen. Wer immer den richtigen Ton trifft, erfährt mehr Akzeptanz, kann sich besser durchsetzen und hat mehr Erfolg.

Nicht der Inhalt, sondern die emotionale Stimmung entscheidet über die Wirkung einer Aussage

2.2.1 Mit Disziplin zu höheren Zielen

Der Psychologe Walter Mischel führte in den USA der Sechzigerjahre den so genannten Marshmallow-Test als Teil einer Langzeitstudie durch. Vierjährige Kinder wurden vor die Wahl gestellt, entweder ein Stück Mäusespeck sofort zu essen oder aber 20 Minuten bis zur Rückkehr der Aufsichtsperson auf den Genuss zu verzichten und zur Belohnung zusätzlich einen zweiten Marshmallow zu erhalten.

Die Entwicklung der Kinder wurde bis zum Hochschulabschluss beobachtet. Dabei stellte sich heraus, dass diejenigen, die sich diszipliniert gezeigt hatten und zu Gunsten des höheren Zieles von zwei Marshmallows für 20 Minuten auf den Genuss verzichten konnten, später in der Schule bessere Noten bekamen, sich besser konzentrieren konnten, die besseren Studienabschlüsse erzielten und eine erfolgreichere Karriere starteten (Goleman, 1997).

Die Ergebnisse dieser Studie sind deswegen so faszinierend, weil sie belegen, dass die Fähigkeit emotionaler Steuerung bereits im Kindesalter angelegt wird und an einem ganz grundlegenden Prinzip festzumachen ist: Dem Zusammenspiel von logischer Willenskraft und emotionalem Lustgewinn. Schon an den Vierjährigen zeigt sich, dass es Charaktere gibt, die der Lust spontaner Befriedigung nicht widerstehen können und solche, denen es gelingt, den kurzfristigen Lustgewinn mithilfe ihres Verstandes zu disziplinieren.

Die Fähigkeit emotionaler Steuerung wird bereits im Kindesalter angelegt

Um nichts anderes geht es bei der Steuerung unserer Emotionen in der Führungsverantwortung. Auch hier gilt es, der Lust spontaner und unüberlegter Gefühlsbefriedigung zu widerstehen, um wichtigere Erfolge zu erzielen und wertvollere

Glücksmomente zu erreichen. Wer sich gerne gehen lässt – seine Befriedigung also im Nichtstun, im simplen Vergnügen oder im Ausleben seiner Aggressionen sucht – der macht sich zum Opfer seines egoistischen Lustgewinns und vernachlässigt seine Verantwortung als Führungskraft.

Selbstbewusst und selbstbestimmt auf vordergründige Impulse zu verzichten, ist eine Schlüsselqualifikation der emotionalen Führung.

Dazu muss ich mir die unterschiedlichen Werte meiner Gefühlsregungen bewusst machen und in Zusammenarbeit von Ratio und Emotion die richtigen Prioritäten setzen. Die Energie für diese Selbstüberwindung ziehe ich dabei aus meiner Vorstellungskraft von der späteren Freude und Erfüllung am Ergebnis.

Aber warum fällt es auch vielen Führungskräften schwer, sich zu disziplinieren und emotional zu beherrschen? Wurden ihnen in der Kindheit die falschen Grundlagen vermittelt? Selbst wenn das bei Ihnen der Fall sein sollte, ist es kein Grund, sich damit abzufinden. Alle emotionalen Kompetenzen sind erlernbar:

Alle emotionalen Kompetenzen sind erlernbar

Tipps zur Verbesserung Ihrer Selbstdisziplin

- Rationalisieren – Das sachliche Abwägen unterschiedlicher Interessen ist vielleicht die einfachste Form, sich zu disziplinieren oder für eine Handlungsalternative zu entscheiden. Sie macht aber nur Sinn, wenn die Emotionen nicht zu intensiv sind. Große Lust oder Angst sind schwer zu rationalisieren. Am besten, Sie stellen eine Liste von positiven und negativen Aspekten auf und bewerten diese, um sich zu entscheiden.
- Distanzieren – Viele Menschen identifizieren sich sehr stark mit ihren Emotionen und gehen in ihnen auf. Wenn kritische Gefühle wie Angst, Wut, Hass oder Gier eine Rolle spielen, besteht die Gefahr, den inneren Halt zu verlieren. Machen Sie sich in solchen Fällen bewusst: Sie und Ihre Gefühle sind zwei verschiedene Dinge. Sie als Person haben jederzeit die Entscheidungsgewalt, entstehende Gefühle abzulehnen oder anzunehmen: *„Ich bin ich und was ich fühle, sind meine Gefühle!"*
- Relativieren – Alle Wahrnehmungen lösen aufgrund des uns unbewussten Erfahrungsschatzes reflexartige Gefühle in uns aus. Üben Sie, Ihre Wahr-

nehmung vom Gefühl zu trennen und deren Bedeutung für die aktuelle Situation sachlich zu hinterfragen. Beispiel: Die Wut, die Sie spüren, weil Ihnen in der Stadt jemand die Vorfahrt nimmt, basiert auf Ihren bisherigen Unfallerfahrungen. Die aktuelle Situation war aber relativ ungefährlich, Ihre Wut deshalb relativ übertrieben.

- NEGATIVE GLAUBENSSÄTZE HINTERFRAGEN – Hinter zahlreichen Disziplinlosigkeiten verstecken sich negative Glaubenssätze wie: *„Das schaffe ich ja doch nicht."* Ertappen Sie sich wiederholt bei einer Disziplinlosigkeit, hinterfragen Sie Ihre Glaubenssätze in dieser Sache und verändern diese ins Positive! Solange Sie von Ihrer eigenen Fähigkeit oder der Ihres Mitarbeiters nicht überzeugt sind, können Sie nicht die nötige Disziplin entwickeln, weil Sie sich selbst die Energie dazu nehmen! Aus der mangelnden Überzeugung wird so eine sich selbst erfüllende Prophezeiung. Nutzen Sie also Glaubenssätze wie: *„Der Mitarbeiter kann es schaffen!"* Je intensiver Sie damit arbeiten, desto wirkungsvoller werden sie!

2.2.2 Stressmanagement als Führungskompetenz

Mit dem steigenden wirtschaftlichen Wettbewerb, auch durch die Globalisierung, wachsen die Anforderungen an alle Führungskräfte. Das Arbeiten unter Dauerstress ist für viele zur Normalität geworden. Gesundheitliche Schäden und Burnout sind oft die Folgen (vgl. Kap. 1.2). Ein konstruktiver Umgang mit Stress ist für viele Führungskräfte deshalb der entscheidende Faktor zur langfristigen Sicherung von Leistungsfähigkeit und Karriere.

Ein konstruktiver Umgang mit Stress ist der entscheidende Faktor zur langfristigen Sicherung von Leistungsfähigkeit und Karriere

Stress ist ursächlich ein biologisch sinnvoller Zustand, der dazu dient, durch erhöhte Leistungsbereitschaft kurzfristige Ausnahmesituationen zu bestehen. Auf die Stresssituation folgt eine Regenerationsphase, um Kräfte zu sammeln und den Kreislauf zu beruhigen.

Wenn die gesteigerte Leistungsfähigkeit aber zum Dauerzustand wird und der erhöhte Hormonpegel nicht sinnvoll eingesetzt bzw. wieder abgebaut werden kann, sind gesundheitliche Schäden die Folge. Rückenleiden, Hörsturz, Herz-Kreislauf-Erkrankungen, Burnout bis hin zu Krebs sind einige der bekannten Krankheitsbilder.

Stress kann durch eine Vielzahl körperlicher und seelischer Reize – so genannter Stressoren – ausgelöst werden, ohne dass wir das groß verhindern könnten: Kälte, Hitze, Lärm, Prüfungen, Konflikte oder berufliche Überforderung sind häufig genannte Stressoren. Unter Dauerbelastung bringt die regelmäßige Hormonausschüttung eine gewisse Gewöhnung mit sich, die zu einer eingeschränkten Selbstwahrnehmung führt. Am Ende werden wir zum „Adrenalin-Junkie“, der Dauerstress benötigt, um sich wohlzufühlen und arbeitsfähig zu sein.

Dabei scheint unser Stressempfinden nicht ausschließlich von dem objektiven Grad einer Belastungssituation abhängig zu sein. Vielmehr folgt es auch den individuellen Mustern der gestressten Person. Was den einen belastet, lässt den anderen oft kalt oder umgekehrt.

Das Stressempfinden wird von unserem individuellen Wesen und unserer Sicht der Dinge geprägt

Die Ursachen hierfür liegen in unseren unterschiedlichen persönlichen Einstellungen, Befürchtungen und Ängsten. Diese sind die eigentlichen Ursachen unseres Stressverhaltens. Und sie machen deutlich, Stress ist nichts objektiv Schädliches, das auf uns einstürzt und dem wir bedingungslos ausgeliefert wären. Nein, unser Stressempfinden wird vielmehr von unserem individuellen Wesen und unserer Sicht der Dinge geprägt.

Auch wenn wir die Ausschüttung von Stresshormonen nicht einfach abstellen können, so sind wir als Führungskraft dafür verantwortlich, die Rahmenbedingungen unseres Lebens so zu gestalten, dass wir möglichst stressreduziert unsere Führungsarbeit verrichten können. In drei Bereichen können wir selbstbestimmt Einfluss auf unseren Hormonhaushalt nehmen, Stress vermeiden bzw. dessen Wirkung verringern:

Konstruktives Zeitmanagement

Ein von uns häufig selbst verschuldeter Stressor ist der verantwortungslose Umgang mit unserer Zeit: Wie oft machen wir uns in letzter Minute auf den Weg zu einem wichtigen Termin, um dann im Verkehr stecken zu bleiben? Gehetzt und verspätet kommen wir zu einer Besprechung oder einer Präsentation. Wo wir eine souveräne Leistung abgeben wollten, starten wir mit einem Handikap, das uns weiter unter Druck setzt – eine selbst geschaffene Stressspirale.

Mit einer klugen Zeitplanung vermeiden Sie viele Stressoren und senken Ihren Stresslevel

Mit einer klugen Zeitplanung vermeiden Sie viele Stressoren und senken Ihren Stresslevel. Hier eine Auswahl möglicher Ansätze:

- Tägliche Termin- und Aufgabenplanung
- Regelmäßige Prioritätenvergabe für aktuelle Aufgaben

- Planung von Pufferzonen zwischen Terminen, um Zeitdruck oder Überschneidungen zu vermeiden
- Delegieren von unwichtigen Aufgaben an Mitarbeiter
- Festlegen regelmäßiger Freiräume für wichtige, langfristige Aufgaben, z.B. strategische Zukunftsplanung
- Streichen von nebensächlichen, belastenden Verpflichtungen, um Freiräume zu schaffen
- Optimierte Vorbereitung und Zeitplanung von Meetings, um sinnlose und zeitaufwändige Diskussionen zu vermeiden

Gesunde Lebensplanung

Wer in der Führungsverantwortung steht, ist über das berufliche Zeitmanagement hinaus auch verpflichtet, sein Privatleben so zu gestalten, dass er den kommenden Stressoren vorbeugend begegnen kann und weniger anfällig für belastende Situationen wird. Setzen Sie also die Prioritäten Ihrer Freizeitgestaltung so, dass Sie einen gesunden körperlichen Ausgleich zur Arbeit finden, ohne sich zusätzlichen psychischen Druck zu machen. Wichtige und erfolgreiche Maßnahmen wären:

Setzen Sie die Prioritäten Ihrer Freizeitgestaltung so, dass Sie einen gesunden körperlichen Ausgleich zur Arbeit finden

- Entspannungsfördernde Freizeitgestaltung durch Hobbys, Kultur oder Geselligkeit
- Regelmäßige sportliche Betätigung zum Hormonabbau und zum Aufbau körperlicher und mentaler Fitness
- Ausreichend und gesunder Schlaf
- Vermeiden von Freizeitstress vor wichtigen beruflichen Herausforderungen
- Längere Erholungsphasen (mindestens drei Wochen)
- Eine gesunde Ernährung und Lebensführung (nikotinfrei und alkoholreduziert)

Stress als Selbstreflexion

Wer sich durch eine gute Planung aus der Zwanghaftigkeit seines Stressempfindens befreit hat, kann die schwierigste Stufe der Stressbewältigung angehen: Die Veränderung der Einstellung gegenüber dem Stress an sich. Stress entsteht aus einem subjektiven Gefühl der fachlichen oder emotionalen Überforderung. Diese Tatsache gibt Ihnen immer die Chance, eine Stresssituation als hilfreichen Impuls zur Selbstreflexion zu verstehen.

Sie haben immer mehrere Möglichkeiten, mit einem Stressor umzugehen, aber Sie sollten sich immer für eine konkrete Einstellung entscheiden:

Zunächst ist Stress eine Herausforderung an Ihre Leistungsbereitschaft

- Zunächst ist Stress eine Herausforderung an Ihre Leistungsbereitschaft. Solange Sie die Herausforderung mit einem optimistischen Gefühl annehmen können, werden Sie Ihre Energie einbringen und ein Mehr an Engagement entwickeln. Die mobilisierten Kräfte helfen Ihnen, Ihre Leistungsgrenzen zu überschreiten. In der Euphorie des Erfolg sind Müdigkeit und andere Stresssymptome schnell überwunden. Solange Sie Momente der Bestätigung, der Zufriedenheit und des Glücks erleben können, ist Stress ein konstruktiver Motor.

Stress als konstruktiver Motor

Stress als Signal, etwas in Ihrem Arbeitsumfeld oder an Ihrer Einstellung zu verändern

- Immer wenn Stress keinen Spaß mehr macht und er nur noch als Belastung empfunden wird, hat er seinen Sinn verloren und es wird Zeit, Entscheidungen zu treffen. Dann sollten Sie Stress als ein Signal verstehen, etwas in Ihrem Arbeitsumfeld oder an Ihrer Einstellung zu verändern. Die Alternativen hierzu können von Fall zu Fall ganz unterschiedlich sein. Vielleicht geht es darum, eine Arbeit zu delegieren, Prioritäten neu zu vergeben, Kollegen gegenüber Grenzen zu ziehen oder bewusst eine Arbeit abzulehnen. Auf jeden Fall sollten Sie die Situation ernst nehmen und sie eingehend analysieren, bevor Sie sich entscheiden.

Stress als Anlass zur Selbstreflexion

- Stress kann aber auch Anlass zur Selbstreflexion sein und so der persönlichen Entwicklung dienen. Situationen, die Sie überfordern, sind ein willkommener Anlass, Ihre Schwächen zu erkennen, Ihre Einstellungen bzw. Ihre Arbeitsweise zu hinterfragen und sich persönlich weiterzuentwickeln. Hier eine kleine Auswahl von Fragen, die Ihnen helfen können, Stress abzubauen:
  - Wie wichtig ist mir diese Arbeit/Aufgabe wirklich?
  - Was kann mir schlimmstenfalls geschehen?
  - Wie werde ich in einem Monat diesen Moment beurteilen?
  - Was stört mich an der Situation am meisten?
  - Welche meiner Einstellungen erschwert es mir, die Situation zu meistern?
  - Was fehlt mir, um diese Situation stressfrei zu bewältigen?
  - Was kann ich aus dieser Situation lernen?

Stress dient der Selbsterkenntnis. In Ihrem Empfinden können Sie persönliche Ängste und destruktive Glaubenssätze erkennen. Durch den konstruktiven Umgang mit diesen Mustern haben Sie die Chance, mehr Selbstbewusstsein und Authentizität zu entwickeln. Stress wird so zu einem nützlichen Instrument der Selbsterkenntnis.

Stressmanagement wird ein Instrument der Persönlichkeitsentwicklung und Selbstreflexion

Durch das Verändern Ihrer Einstellung dient Ihr Stressmanagement also nicht nur der Erhaltung Ihrer wertvollen Arbeitskraft, sondern wird darüber hinaus ein Instrument der Persönlichkeitsentwicklung und Selbstreflexion. Intelligentes Stressmanagement ist somit ein wichtiger Faktor zur Entwicklung Ihrer Karriere.

2.2.3 Selbsttest: Destruktives und konstruktives Stressverhalten

Wie konstruktiv verhalten Sie sich in Stresssituationen?

In dem folgenden Schnelltest können Sie erfahren, wie konstruktiv Sie sich in Stresssituationen verhalten und wo Ihre Verbesserungspotenziale liegen. Bitte beurteilen Sie spontan, wie sehr die folgenden 20 Aussagen für Sie an Ihrem Arbeitsplatz zutreffen.

Sie haben die Wahl zwischen: nie (– –), selten (–), teilweise (+), häufig (+ +). Bitte machen Sie immer nur ein Kreuz.

	Wenn ich besonders gestresst bin ...	– –	–	+	++
1	lasse ich alles stehen und liegen	❑	❑	❑	❑
2	fühle ich mich schuldig	❑	❑	❑	❑
3	fühle ich mich hoffnungslos	❑	❑	❑	❑
4	kann ich mich nicht mehr konzentrieren	❑	❑	❑	❑
5	kann ich schlecht schlafen	❑	❑	❑	❑
6	lehne ich die Verantwortung ab	❑	❑	❑	❑
7	suche ich einen Schuldigen	❑	❑	❑	❑
8	reagiere ich gereizt	❑	❑	❑	❑
9	meide ich ähnliche Situationen	❑	❑	❑	❑
10	treffe ich eine Grundsatzentscheidung	❑	❑	❑	❑
11	steigere ich das Arbeitstempo	❑	❑	❑	❑
12	versuche ich, die Arbeit zu delegieren	❑	❑	❑	❑

13	setze ich neue Prioritäten	❑	❑	❑	❑
14	versuche ich, die Abläufe zu optimieren	❑	❑	❑	❑
15	versuche ich, mich körperlich abzureagieren	❑	❑	❑	❑
16	suche ich mir anderweitig Bestätigung	❑	❑	❑	❑
17	muss ich über meine Nervosität lachen	❑	❑	❑	❑
18	denke ich, ich gebe mein Bestes	❑	❑	❑	❑
19	suche ich einen Moment der Besinnung	❑	❑	❑	❑
20	verstehe ich das als Herausforderung	❑	❑	❑	❑

Vier unterschiedliche Stressverhaltens-Strategien

AUSWERTUNG: Die 20 Aussagen des Tests sind vier unterschiedlichen Stressverhaltens-Strategien zuzuordnen.

Die PUNKTE 1 BIS 5 stehen für eine negative Einstellung und haben immer eine stressverstärkende Wirkung. Sollten Sie hier mehrmals „teilweise“ oder „häufig“ angekreuzt haben, so besitzen Sie ein eher destruktives Selbstbild. Um Ihre Stressresistenz zu verbessern, sollten Sie Ihre konstruktive Einstellung zu sich und Ihrem Leben entwickeln. Eine Anleitung hierzu finden Sie im folgenden Kapitel.

Die PUNKTE 6 BIS 10 sind Ansätze einer aggressiven und konfliktorientierten Stressstrategie. Haben Sie mehrfach „teilweise“ oder „häufig“ angekreuzt, tendieren Sie dazu, andere für Ihren Stress verantwortlich zu machen und Ihre Angst auf andere zu übertragen. In Krisen kann ein solches Verhalten sinnvoll und zielführend sein. Wer es aber zur Regel macht, pflegt einen autoritären Führungsstil. Sie können viel Stress vermeiden, indem Sie Ihr negatives Menschenbild hinterfragen und die Einstellung zu Ihren Mitarbeitern verbessern.

Die PUNKTE 11 BIS 15 stehen für ein handlungs- und lösungsorientiertes Stressverhalten. Es ist gut, wenn Sie hier zwischen „teilweise“ oder „häufig“ differenziert haben. Falls Sie mehrfach „nie“ oder „selten“ gewählt haben, sollten Sie Ihre Leistungsbereitschaft und Ihre Einstellung zur Verantwortlichkeit korrigieren. Aber Vorsicht: Wer nur „häufig“ angekreuzt hat, steht in der Gefahr, sich im Aktionismus zu verlieren.

Die PUNKTE 16 BIS 20 umschreiben konstruktiv kognitive Stressstrategien und diese wirken immer stressmindernd. Wer sie häufig anzuwenden weiß, besitzt eine hohe Stressresistenz. Wer mehrfach „nie“ oder „selten“ angekreuzt hat, sollte seine destruktive Einstellung zu sich und dem Leben korrigieren, wie im folgenden Kapitel beschrieben.

Wenn Sie eine optimale Stresseinstellung besitzen, sollten Ihre Kreuze von links oben (nie) bis rechts unten (häufig) eine Diagonale beschreiben. Alle Abweichungen von dieser Ideallinie können kritische Muster sein, die es zu verändern gilt.

2.2.4 Die Macht destruktiver Glaubenssätze

Sich Vorurteile, Glaubenssätze oder Wertvorstellungen bewusst machen, um spontane Emotionen zu verstehen

Da die Verarbeitung unserer emotionalen Erfahrungen und deren Einfluss auf unsere Gefühlswelt unbewusst erfolgen, können wir die Ursachen und den Grad spontaner Emotionen oft nur verstehen, wenn wir uns unsere persönliche Einstellung zur Situation, unsere Vorurteile, Glaubenssätze oder Wertvorstellungen bewusst machen. Sie bilden den Nährboden unserer Gefühle und diese müssen wir hinterfragen und eventuell korrigieren, wenn wir uns dem negativen Einfluss des Stresses entziehen wollen.

Das ist nicht einfach, weil es dazu kein Patentrezept gibt und weil es die selbstkritische Reflexion der individuellen Stresssituation erfordert.

Ich kann Ihnen an dieser Stelle nur das Prinzip vorstellen, nach dem Sie vorgehen können, und ein paar klassische Beispiele aus der Praxis aufzeigen. Ihre Lösungsansätze müssen Sie selbst erarbeiten.

Welcher Stressor belastet Sie stark oder tritt regelmäßig auf?

- SCHRITT 1: Wählen Sie eine Stresssituation aus, die Sie besonders belastet oder die regelmäßig auftritt. Beschreiben Sie den Stressor (Auslöser) mit wenigen Worten und notieren Sie dies auf ein Kärtchen oder einen Zettel.

Wie entwickelt sich eine typische Stresssituation?

- SCHRITT 2: Beschreiben Sie Ihre typische Stressreaktion mit wenigen Worten (z.B.: *„Ich werde wütend / bekomme Angst.“* o.Ä.) und notieren Sie diese auf ein zweites Kärtchen, das Sie rechts neben dem ersten ablegen.

Welche Einstellung ist für diese Situation typisch?

- SCHRITT 3: Überlegen Sie, welche Einstellung für Sie in dieser Situation typisch ist oder welche Meinung Sie von der/n beteiligten Person/en haben. Was denken Sie? Was befürchten Sie? Notieren Sie alle Gedanken, indem Sie für jede neue Bewertung eine neue Karte verwenden (z.B.: *„Ich schaff das nicht / bin verantwortlich."* o.Ä.) Platzieren Sie dann alle Karten senkrecht zwischen den Kärtchen eins und zwei und geben Sie ihnen eine Rangfolge entsprechend ihrem Grad der Stressverstärkung. Die gravierendste Aussage, die Ihnen die heftigste Reaktion verursacht, platzieren Sie nach oben, die Unwichtigste nach unten.

Finden Sie für die wichtigsten stressverstärkenden Bewertungen konstruktive und positive Neubewertungen

- SCHRITT 4: Finden Sie für die wichtigsten stressverstärkenden Bewertungen konstruktive und positive Neubewertungen. Oft ist es die Umkehrung eines negativen Glaubenssatzes, der die Stressreaktion auflöst und befreiend wirkt. Ergänzen Sie die unten aufgeführten Beispiele zur Übung so, dass Sie selbst Erleichterung verspüren würden:
  – *„Ich bin für alles verantwortlich." ➞ „Unter diesen Bedingungen lehne ich die Verantwortung ab."*
  – *„Ich muss hundertprozentig perfekt sein." ➞ „Ich darf auch mit weniger zufrieden sein."*
  – *„Ich muss alles termingerecht fertigbekommen." ➞ „Ich muss / kann hier Prioritäten setzen."*
  – *„Ich bin immer der Dumme." ➞ ...*
  – *„Das macht der mit Absicht." ➞ ...*
  – *„Alles muss ich selbst machen." ➞ ...*
  – *„Ich finde keinen anderen Arbeitgeber." ➞ ...*
  – *„Mein Chef ist mir +." ➞ ...*
  – *„Meine Mitarbeiter sind unfähig." ➞ ...*

Halten Sie Ihre aufgrund der neuen Einstellung veränderten Reaktionen erneut auf Kärtchen fest

- SCHRITT 5: Beschreiben Sie Ihre aufgrund der neuen Einstellung veränderten Reaktionen und notieren Sie diese erneut auf Kärtchen, um Ihr alternatives Stressverhalten zu vervollständigen (z.B. Erleichterung, Entspannung, Zufriedenheit, Freude, Verständnis o.Ä.)

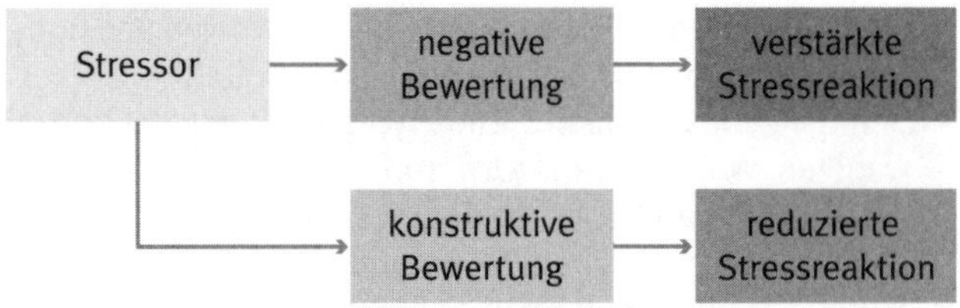

Eine konstruktive und positive Neubewertung von negativen Bewertungen in Stresssituationen bringt Entlastung

Selbstverständlich ist es mit der Entwicklung eines neuen, konstruktiven Glaubenssatzes allein nicht getan. Sie müssen bedenken, dass Ihre bisherige Einstellung in Ihrem emotionalen Unterbewusstsein verankert ist und von dort destruktiv wirken kann. Deshalb ist es notwendig, Ihrem neuen Glaubenssatz das nötige Gewicht zu verleihen, um den alten neutralisieren zu können.

Nutzen Sie Ihr wichtigstes konstruktives Kärtchen aus Schritt 5 als Erinnerungsstütze, indem Sie es an Ihrem Arbeitsplatz platzieren, die Aussage regelmäßig laut aufsagen oder es in entsprechenden Situationen als Spickzettel benutzen. Konzentrieren Sie sich auf den wichtigsten Kernsatz und haben Sie Geduld! Es braucht einiges Engagement und ein paar Erfolgserlebnisse, bis das Unterbewusste überlistet ist.

2.2.5 Selbstsicherheit finden – das innere Team

Das offensichtlichste Signal einer erfolgreichen emotionalen Selbstführung ist die innere Sicherheit einer Führungskraft, die sich in der Klarheit ihres Handelns und der Souveränität ihrer Entscheidungen zeigt. In dieser gelebten Selbstsicherheit zeigt sich die Bedeutung eines guten Selbstmanagements am direktesten, denn es liegt in unserer Natur, dass wir lieber jemandem folgen, der weiß, was er will, als jemandem, der auf uns unsicher wirkt.

Andererseits gilt es, in der Führungsverantwortung fast täglich Entscheidungen zu treffen, deren Tragweite wir im Moment nicht absehen können und die mit Fachwissen allein nicht zu bewältigen sind. Entweder, weil keine eindeutigen Kriterien vorliegen, weil es zahlreiche Alternativen gibt, oder weil emotionale Faktoren eine entscheidende Rolle spielen. Dazu zählen Personalentscheidungen, Konflikte, strategische Entscheidungen und zwischenmenschliche Angelegenheiten.

Wie gelingt es, selbstsicher Entscheidungen unter Unsicherheit zu treffen?

In solchen Momenten fühlen wir uns oft unsicher: Einerseits wollen wir keine Fehler machen, andererseits sollten wir sicher vor den Mitarbeitern auftreten, um unsere Autorität nicht zu untergraben. Wir müssen unsere Sicherheit in uns selbst finden. Es gilt, die vielseitigen Fassetten der eigenen Persönlichkeit zurate zu ziehen und im ureigenen Charakter zu sinnvollen Lösungen zu gelangen. In jeder Person schlägt nur ein Herz, aber es existiert eine Vielzahl von Wesenszügen, die sich oft als innere Stimmen bemerkbar machen. Es sind die Stimmen, die uns Entscheidungen erschweren, die uns ein schlechtes Gewissen machen oder sich spontan zu Wort melden – oft ohne dass wir sie ernst nehmen: Diese Stimmen bilden das so genannte INNERE TEAM.

Unsere inneren Stimmen bilden das sog. innere Team

Das innere Team ist gut zu vergleichen mit einem realen Team im Unternehmen. Es setzt sich aus mehreren unterschiedlichen Typen zusammen, die oft konträrer Meinung sind, sich aber sehr gut ergänzen, wenn ich sie gemeinsam entscheiden und handeln lasse: Den Antreiber, den Zauderer, den Sponti, den Kritiker und den Optimisten.

Das innere Team existiert eigentlich in jedem Menschen. Nur hat in vielen inneren Teams einer das Sagen übernommen und lässt die anderen nicht zu Wort kommen. Die unterdrückten Teammitglieder haben sich angepasst oder machen sich destruktiv bemerkbar. Wie in der Realität eines Teamprozesses verliert auch ein Mensch damit an Stärke und an Wirkung nach außen.

Eine Persönlichkeit sollte versuchen, alle Mitglieder ihres inneren Teams zu integrieren

Als Teamleiter wie als Persönlichkeit sollte ich versuchen, konträre Charaktere zu integrieren. Jede Stimme kann einen wichtigen Beitrag leisten, wenn ich sie zu Wort kommen lasse und sie ernst nehme. Wenn alle Ansichten gehört worden sind, kann gemeinsam entschieden werden, wird ein Kompromiss gefunden oder fälle ich eine Entscheidung, die die Widerstände berücksichtigt, Sicherheiten einbaut und so die Gegner mitnimmt.

Arbeitsblatt zum inneren Team

- SCHRITT 1: Denken Sie an eine schwierige aktuelle Entscheidung, die Sie beschäftigt, oder an einen Konflikt, den Sie noch lösen müssen. Beschreiben Sie kurz diese Situation bzw. das Problem.
- SCHRITT 2: Bitte hören Sie in sich hinein und versuchen Sie, Ihre inneren Stimmen voneinander zu unterscheiden. Notieren Sie deren Meinungen auf unterschiedlich farbige Kärtchen und geben Sie ihnen Namen. Zum Beispiel: 1. Der Bedenkenträger; 2. Der Draufgänger; 3. Der Spontane; 4. Der Perfektionist; 5. ...
- SCHRITT 3: Sammeln Sie bitte die Argumente aller Mitglieder Ihres inneren Teams und notieren Sie diese auf den jeweiligen Kärtchen. Vergleichen Sie die Argumente und suchen Sie eine Entscheidung, die von möglichst allen „Teammitgliedern“ getragen werden

kann. Wenn zwei oder mehrere Fraktionen entstehen, die sich nicht einig sind, so legen Sie die Karten entsprechend aus, um die Mehrheiten zu veranschaulichen.
- Welche Meinung hat die Mehrheit der Stimmen?
- Was sind die Bedenken / Argumente der anderen?
- Wie sind neutrale Stimmen zu überzeugen?
- Warum wehren sich Einzelne gegen eine Entscheidung?
- Wie sind Gegner oder Bedenkenträger von einer gemeinsamen Entscheidung zu überzeugen?
- Welchen Kompromiss sind alle Parteien zu tragen bereit?

• SCHRITT 4: Formulieren Sie die Bedingungen für eine gemeinsame Entscheidung und notieren Sie diese auf ein neues Blatt Papier, auf dem alle Parteien, nachdem sie sich geeinigt haben, unterschreiben können.

Mit meinem inneren Team kann ich jeden Tag im Stillen Auseinandersetzungen führen und mich auf kommende Probleme, reale Konflikte und wichtige Entscheidungen vorbereiten. Ich kenne dann schon die Widerstände und Widersprüche, ich habe Vor- und Nachteile abgewogen, ich habe bereits Kompromisse und Alternativen angedacht und bin so gut vorbereitet, dass ich souverän und authentisch auftreten kann.

Äußerungen der Mitarbeiter spiegeln immer auch Stimmen des eigenen inneren Teams wider

Und ich kann meinen Mitarbeitern mit mehr Akzeptanz und Verständnis begegnen, denn ich bin mir darüber bewusst, dass sie – ganz gleich, in welcher Form sie sich äußern – immer auch Stimmen meines eigenen inneren Teams widerspiegeln.

2.3 Selbstmotivation: emotionales Vorbild sein

Ihre Aufgabe als Führungskraft ist es, Ihre Mitarbeiter anzuleiten, sie zu besonderer Leistung zu animieren, ihnen oft anspruchsvolle Ziele vorzugeben. Mit jeder Forderung bewegen Sie Ihre Mitarbeiter dazu, sich an Ihren Vorstellungen zu orientieren. Es ist also nur natürlich, dass man Sie genau beobachtet, um zu erfahren, was Sie genau erwarten und wann Sie mit einer Leistung zufrieden sind.

Als Führungskraft stehen Sie ständig im Fokus Ihrer Mitarbeiter

Als Führungskraft stehen Sie so ständig im Fokus Ihrer Mitarbeiter. Ihre persönliche Einstellung und Ihr Handeln dienen Ihrem Arbeitsumfeld bewusst oder unbewusst als Maßstab für das eigene Engagement. Ob Sie es wollen oder nicht, für Ihre Mitarbeiter sind Sie das emotionale Vorbild.

Ihr Eigenverhalten wird zwangsläufig auf Ihre Mitarbeiter abfärben

Wer keinen Spaß an Herausforderungen hat, wer ohne Ehrgeiz seine Arbeit verrichtet, wer sich von Niederlagen demotivieren lässt oder seine Frustration nicht in Leistungsbereitschaft umzumünzen versteht, kann von seinen Mitarbeitern nicht verlangen, es besser zu machen. Ihr Eigenverhalten wird also zwangsläufig auf Ihre Mitarbeiter abfärben.

Deshalb ist es leicht nachvollziehbar, dass die Selbstmotivation zum Pflichtprogramm einer guten Führungskraft zählt. Wer ein gutes Vorbild sein will, sollte sich der vielseitigen Aspekte der Motivation bewusst sein. Kaum eine Führungskraft wird behaupten, sie wäre unmotiviert, aber wie gut ihre Motivation wirklich ist, zeigt sich erst in Extremsituationen.

Die folgende Checkliste kann helfen, Ihre persönlichen Schwachpunkte zu erkennen. Bitte entscheiden Sie, wie zutreffend die Aussagen für Sie sind. Wählen Sie zwischen: selten (1 Punkt), teilweise (2 Punkte), immer (3 Punkte).

Leistungswille	1	2	3
• Ich bin ein Mensch, der ehrgeizig ist.	❑	❑	❑
• Ich habe Spaß, mich mit anderen zu messen.	❑	❑	❑
• Ich gehe über meine Leistungsgrenzen.	❑	❑	❑
• Ehrgeizige Ziele motivieren mich besonders.	❑	❑	❑

Pflichtbewusstsein	1	2	3
• Was ich mir vornehme, bringe ich zu Ende.	❑	❑	❑
• Für meine Pflichten verzichte ich auf Freizeit.	❑	❑	❑
• Ich kann Ablenkungen widerstehen.	❑	❑	❑
• Ich halte meine Versprechen.	❑	❑	❑

Optimismus	1	2	3
• Ehrliche Kritik weckt meinen Ehrgeiz.	❑	❑	❑
• Aus Niederlagen ziehe ich neue Motivation.	❑	❑	❑
• Rückschläge kann ich verschmerzen.	❑	❑	❑
• Ich erreiche, was ich mir vornehme.	❑	❑	❑

Selbstbestimmung	1	2	3
• Ich bin ein Mensch, der die Initiative ergreift.	❑	❑	❑
• Ich habe klare Vorstellungen meiner Ziele.	❑	❑	❑
• Mir Teilziele zu setzen, gibt mir Bestätigung.	❑	❑	❑
• Ich entscheide mich hundertprozentig für das, was ich tue.	❑	❑	❑

AUSWERTUNG: Die 16 Aussagen sind vier Motivationskompetenzen zugeordnet. Wenn Sie in jedem der vier Bereiche zehn Punkte oder mehr erreicht haben, verfügen Sie über eine außergewöhnlich hohe Motivation. Haben Sie in einem oder mehreren Bereichen sieben bis neun Punkte gesammelt, entspricht das dem Durchschnitt und Sie haben hier noch Verbesserungspotenzial. Erreichen Sie in einem der Bereiche nur vier bis sechs Punkte, so herrscht an dieser Stelle dringender Handlungsbedarf. Auch wenn Sie in anderen Schwerpunkten überdurchschnittlich abschneiden, besteht immer die Gefahr, an dieser Schwachstelle zu scheitern.

Sich mit möglichen Schwächen selbstkritisch im Stillen auseinandersetzen

Als Führungskraft müssen wir ein tragendes Vorbild sein. Das kann auch heißen, mögliche Schwächen oder destruktive Einstellungen nicht nach außen zu tragen, sondern sich selbstkritisch im Stillen damit auseinanderzusetzen. Das gelingt nur, wenn wir uns der Ursachen unseres Wesens bewusst werden, diese aufarbeiten und unseren persönlichen Weg finden, mit den Widrigkeiten des Alltags konstruktiv, das heißt Energie bringend umzugehen. In den folgenden Kapiteln werden einige psychologische Grundlagen zur Verbesserung Ihrer Selbstmotivation thematisiert.

2.3.1 Angst und Freude als Motivationsfaktoren

Furcht und Ängste sind für viele ein Tabuthema

Frage ich Führungskräfte oder den engagierten Nachwuchs nach ihren beruflichen Ängsten, so stoße ich regelmäßig auf Ablehnung und Unverständnis. Obwohl der Leistungsdruck in vielen Berufen sehr hoch ist, sind Furcht und Ängste für viele ein Tabuthema. Alle reden vom Stress, unter dem sie leiden. Aber Angst? Über so etwas spricht man nicht, wenn man seine Chancen im Unternehmen wahren will. Dabei machen die Stresshormone (Nor)Adrenalin, Dopamin und Cortisol keinen Unterschied. Lärm, Streit, Zeitdruck oder Schrecken sind Belastungssituationen, die von Angst begleitet werden und uns und unseren Körper in „Kampfbereitschaft" versetzen.

Angst ist eine der wichtigsten Triebfedern für unsere tägliche Leistungsbereitschaft

Daher ist Angst nicht grundsätzlich negativ, sondern, wenn sie nicht so stark ist, dass sie lähmend und blockierend wirkt, eine der wichtigsten Triebfedern für unsere tägliche Leistungsbereitschaft. Ohne Angst gäbe es keine Disziplin, kein Pflichtbewusstsein, keinen Ehrgeiz und keine Spitzenleistungen.

Welche konstruktiven Gefühle sind notwendig, um Ängste in Motivation und Leistungsbereitschaft umzuwandeln?

Nur tritt Angst oft in Kombination mit anderen Gefühlen auf und das macht es uns leicht, sie zu negieren oder zu verdrängen. Wenn wir aber lernen wollen, uns und andere über Emotionen zu führen, dann müssen wir uns über die differenzierten Formen der Angst bewusst werden und wir müssen verstehen, welche konstruktiven und freudigen Gefühle notwendig sind, um die individuellen Ängste in Motivation, Leistungsbereitschaft umzuwandeln.

Die VERSAGENSANGST macht sich im beruflichen Alltag durch Unsicherheit, Hilflosigkeit oder Entscheidungsschwäche bemerkbar. Viele Menschen leben täglich mit dieser Angst, keine Fehler machen zu dürfen oder einer Aufgabe nicht gewachsen zu sein. Das macht sie im Normalfall zu sehr gewissenhaften und detailverliebten Mitarbeitern, die vielleicht nicht die Schnellsten sind, aber eine perfekte Arbeit abgeben. Dahinter steckt die Angst, nicht zu genügen, die sich bis zur Depression steigern kann, wenn sie nicht durch positive Gefühle aufgefangen wird.

Menschen mit Versagensängsten fehlt es in der Regel an Selbstsicherheit und Selbstwert, weshalb sie sich von der Anerkennung und dem Vertrauen anderer abhängig fühlen. Sie suchen die Gemeinschaft, weil sie hier Sicherheit finden und die beste Leistung bringen. Ihr überzogener Anspruch an sich selbst macht es ihnen schwer, mit den Ergebnissen ihrer Arbeit zufrieden zu sein. Sie stellen sich gern selbstkritisch infrage und billigen sich keine Fehler zu.

Menschen mit Versagensängsten brauchen mehr Lob als Kritik, Wertschätzung und persönliche Nähe

Aber: Nobody is perfect! Deshalb müssen sie lernen, ihre überzogenen Ansprüche zurückzuschrauben, Selbstvertrauen zu entwickeln und sich von der Bestätigung durch Vorgesetzte und Kollegen zu lösen. Und so wollen sie geführt werden: Mehr Lob als Kritik, Wertschätzung und persönliche Nähe.

Die EXISTENZANGST zeigt sich in der vielseitigen Ablehnung von Veränderung, Innovationen, in der Angst vor einer ungewissen Zukunft bis hin zur Angst, den Arbeitsplatz zu verlieren. Menschen, die am Bewährten besonders festhalten, trauen dem, was kommen könnte, nicht über den Weg. Das macht sie zu Vertretern konservativer Werte wie Disziplin, Pflichtbewusstsein und Ordnung und zu wichtigen Leistungsträgern im Unternehmen. Menschen, die durch Existenzangst geprägt sind, sind in der Regel hoch motiviert. Ihre Angst macht ja eine dauernde Leistungsbereitschaft notwendig, ganz nach dem Motto, solange ich etwas leiste, brauche ich keine Angst zu haben, meinen Arbeitsplatz zu verlieren.

Stolz auf die eigene Leistungsfähigkeit ist deshalb das positive Gefühl, das die Existenzangst in Motivation umzuwandeln vermag. Nur kann das auf Dauer trügerisch sein, wenn die Freude an der Arbeit zu kurz kommt. Menschen, die von Existenzangst geprägt sind, neigen nämlich dazu, das Genießen zu vergessen und sich in ihrem Pflichtbewusstsein zu verlieren. Ihre Hauptaufgabe ist es also, die eigene Balance zwischen Pflicht und Spaß zu finden, um nicht auszubrennen. Und so sollten diese Menschen auch geführt werden: Druck nehmen, Freude geben und Flexibilität fördern.

Menschen mit Existenzängsten den Druck nehmen, Freude geben und deren Flexibilität fördern

Die KONFLIKTANGST ist der Versagensangst nicht unähnlich. Sie äußert sich in mangelndem Gefühlsausdruck, unterdrückten Aggressionen, der Unfähigkeit, Nein sagen zu können bzw. Grenzen zu setzen, bis hin zu einer angepassten, unterwürfigen Arbeitshaltung. Wer die Konflikte scheut, wird schnell zu einem verlässlichen Mitarbeiter, der einem Team Ruhe und Sicherheit geben kann. Er fällt aber eher durch Ausdauer als durch übermäßigen Ehrgeiz auf. Dahinter steckt die Angst, nur über Pflichtbewusstsein und Gehorsam die Anerkennung und Zuwendung zu bekommen, die man sich wünscht.

Wer Konflikten aus dem Weg geht, ist in der Regel selbst motiviert, arbeitet aber häufig mit einer unterschwelligen Frustration, die Kraft und Leistungsfähigkeit kostet. Die positiven Eigenschaften, die den Konfliktscheuen antreiben, sind Hilfsbereitschaft, Harmoniebedürfnis und Humor. Er zieht seine Befriedigung aus der Anstrengung und weniger aus dem Ergebnis. Deshalb ist auch er oft abhängig von der Beurteilung durch Vorgesetzte. Seine Aufgabe ist es, Grenzen setzen zu lernen sowie offen und selbstbestimmt Konflikte einzugehen, um Frustrationen zu vermeiden. Eine gesunde Mischung aus Kritik und Wertschätzung in einem guten Betriebsklima kann den Konfliktscheuen zur weiteren Leistungssteigerung motivieren.

Eine gesunde Mischung aus Kritik und Wertschätzung in einem guten Betriebsklima motiviert den Konfliktscheuen

Die ANGST VOR ABHÄNGIGKEITEN kennzeichnet die Menschen, die der Langeweile, dem Stillstand und zu engen Verpflichtungen entfliehen wollen. Im Gegensatz zu den Kollegen mit Existenzangst suchen diese Charaktere in der Veränderung, der Innovation und in allem Neuen ihre Bestätigung. Das macht sie zu sehr flexiblen, entscheidungs- und risikofreudigen Mitarbeitern, die andere gerne antreiben, sie schnell verängstigen oder das Interesse verlieren, wenn es nicht vorangeht. Fehlt diesen Personen die Dynamik, lehnen sie die Verantwortung ab, denn Routine und Verzicht sind nicht ihre Stärken.

Die wichtigsten Emotionen, die aus der Angst vor Abhängigkeit eine besondere Leistungsfähigkeit entwickelt, sind Ehrgeiz, Einfluss und Genuss. Es liegt also in der Natur dieses Charakters, sich selbst zu motivieren und sich diese Gefühle eigenverantwortlich zu verschaffen. Eine Herausforderung für diese dynamischen Personen ist es aber, Geduld, Demut und Toleranz zu entwickeln und nicht auf Kosten anderer zu leben. Wer solche Menschen führen will, muss sie vor immer neue Herausforderungen stellen und sie offen mit den Bedürfnissen anderer konfrontieren, damit sie lernen, Rücksicht zu nehmen: Sie lieben es, sich zu messen. Aus Konflikten ziehen sie Freude und Bestätigung. Nur wenn man sie in ihre Schranken weist, kann man sie mit ihren Ängsten konfrontieren.

Mitarbeiter, die Abhängigkeiten fürchten, vor immer neue Herausforderungen stellen und offen mit den Bedürfnissen anderer konfrontieren

DIE BALANCE ZWISCHEN ANGST UND FREUDE

Nur in eindeutigen Krisen sind diese Ängste allerdings so klar definierbar wie oben beschrieben. Meist überlagern sich mehrere Ängste und beeinflussen unser Handeln, ohne dass es uns bewusst werden muss. Die hier gegebenen Definitionen sind aber hilfreich, um konstruktiv Einfluss nehmen zu können und die Ängste nicht überhandnehmen zu lassen.

Um optimal motiviert zu sein, braucht es nämlich eine gesunde Balance zwischen den individuellen Ängsten und den entsprechenden positiven Gefühlen, die wir entwickeln, wenn wir unseren Ängsten erfolgreich entgegentreten und sie in Motivation und Leistungsbereitschaft umwandeln. Diese positiven Gefühle können wir unter dem Begriff „Freude“ zusammenfassen.

Wenn wir Ängste in Motivation und Leistungsbereitschaft umwandeln, entsteht Freude

DORT WO ANGST UND FREUDE IN DER BALANCE SIND,
WIRD DIE LEISTUNGSFÄHIGKEIT AM HÖCHSTEN SEIN.

Ist eines von beiden dominant, dann gehen Motivation und Leistungsbereitschaft verloren.

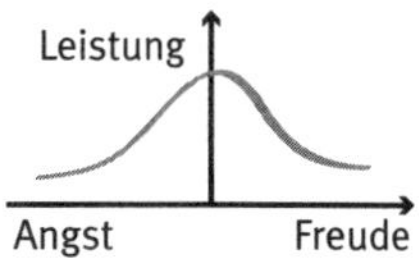

Daraus ergibt sich ein Bild, das an die Gaußsche Normalverteilungskurve erinnert: Die Kurve zeigt die Abhängigkeiten von „Leistung" im Spannungsfeld der lebenswichtigen Emotionen, nämlich Angst und Freude, die sich eben nicht gegenseitig ausschließen, sondern immer gemeinsam wirken.

Herrschen nur Bedürfnisbefriedigung und Freude, drohen Selbstzufriedenheit und sinkende Leistungen

Bei den Menschen, die nur ihre Bedürfnisse und Freuden befriedigen, ohne Angst zu haben, erleben wir eine wachsende Trägheit und Selbstzufriedenheit und deren Leistungsbereitschaft sinkt gegen Null. Umgekehrt werden Menschen, die ohne Freude an der Arbeit nur durch Angst getrieben werden, zunächst demotiviert, später blockiert sein, weil ihnen der Sinn ihrer Tätigkeit genommen wird. Bei manchen Menschen mag die Leistung durch Angst schürende Repressalien kurzfristig zu erpressen sein. Letztendlich führt dies aber zu panischen Reaktionen, zu einem erhöhten Verschleiß der Arbeitskraft, zum Kollaps oder zur Kündigung.

Überwiegt die Angst, kommt es zu Demotivation und Blockaden

Wir sind alle selbst dafür verantwortlich, unser Leben so zu gestalten, dass sich Angst und Freude möglichst die Waage halten, also Arbeit auch Vergnügen bereitet. Als Führungskraft haben wir zusätzlich die Aufgabe, die Bedingungen der Mitarbeiter so zu verbessern, dass auch diese optimal motiviert sind: Für die einen heißt das, nicht deren Ängste zu schüren, sondern ihnen Anerkennung und Bestätigung geben, Freude zu schenken und Dankbarkeit zu zeigen. Für andere kann das heißen, dass man ihre Ängste verstärken muss, indem man ihnen ihre Grenzen aufzeigt und sie zu Rücksichtnahme und Toleranz bewegt.

Dieses virtuose Dirigieren von Lob und Kritik, Anschieben und Bremsen, Geben und Nehmen gelingt umso besser, je offener und ehrlicher wir unsere eigene Balance zwischen Angst und Freude vorleben und unseren Mitarbeitern so als selbstbewusstes Vorbild dienen können.

2.3.2 Lust auf Leistung und Herausforderung

„An nichts gewöhnt man sich so schnell wie an Luxus," sagt der Volksmund. Und nichts scheint schwieriger, als auf lieb gewonnene Errungenschaften wieder zu verzichten. Viele Menschen glauben, das bisher Erreichte für immer festhalten zu müssen und sind hauptsächlich damit beschäftigt, ihre ma-

teriellen Werte abzusichern. Das ist menschlich nachzuvollziehen, ist aber eine trügerische Sicherheit, weil sie uns satt und unzufrieden werden lässt.

Wer erfolgreich bleiben will, muss sich täglich neuen Herausforderungen stellen

Auch als Führungskraft dürfen wir uns nicht mit einem einmal erreichten Status zufrieden geben, sondern müssen uns täglich neuen Herausforderungen stellen, wenn wir erfolgreich bleiben wollen. Wer sich darauf konzentriert, das Erreichte abzusichern, der vergisst, sich neue Ziele zu setzen, sich über seine persönliche Leistungsfähigkeit immer wieder aufs Neue zu bestätigen und im persönlichen Erfolg seine Erfüllung zu finden.

Das eigene Gehalt bzw. das Honorar ist für die meisten Führungskräfte der wichtigste Indikator für den Wert ihres Erfolges. Es honoriert die individuellen Leistungen, gibt Bestätigung und Sicherheit. Für unsere Motivation und die emotionale Zufriedenheit ist die Höhe der materiellen Vergütung aber gar nicht so ausschlaggebend, wie wir oft meinen. Zahlreiche Studien belegen, dass Glück und Zufriedenheit eben nicht in der Absicherung von Besitz und Status zu finden sind, sondern sich eher durch eine Dynamik von Freude an der Leistung und den daraus resultierenden Erfolgen entwickelt.

Unsere Einstellung zur Arbeit hat den größten Einfluss auf Motivation und Leistungsbereitschaft

Den größeren Einfluss auf Motivation und Leistungsbereitschaft hat unsere Einstellung zur Arbeit und zu unserem Umfeld, und die können wir täglich beeinflussen:

- Der erste Grundsatz lautet: *„Mache alles, was du tust, mit vollem Engagement und voller Überzeugung!"* Wer sich nicht hundertprozentig für seine Tätigkeit entscheiden kann, der sollte es lieber lassen. Jedes halbherzige Handeln nimmt uns die Freude an unserer Leistung und behindert damit den Erfolg. Die innere Überzeugung am Arbeitsplatz wirkt wie guter Sex in einer Beziehung: Sie entfacht erst das Feuer der Leidenschaft, und das macht Lust auf mehr.
- Zum lustvollen Arbeiten gehört auch eine spielerische Einstellung. Machen Sie sich wieder frei von Zwängen, Dogmen und Verpflichtungen, die Ihnen die Freude nehmen. Versuchen Sie, neue Herausforderungen so offen und unbefangen anzugehen wie Kinder. Kinder sind deshalb so lernfähig, weil sie ihre Aufgaben nicht als Pflicht, sondern als Spiel oder Abenteuer verstehen. Mit Mut und Kreativität stoßen wir auf neue Lösungen. Daraus entsteht eine neue

Dynamik, die mehr Spaß macht, als am Überholten festzuhalten.
- Die Lust auf Neues bringt nicht nur Erfolge, sondern auch Niederlagen mit sich. Wer viel wagt, erfährt schneller seine Grenzen. Umso wichtiger ist es, persönliche Entwicklung offensiv anzugehen. Führungskräfte, die zeigen, was sie wollen, werden mehr gefördert und schneller befördert. Denn ein verantwortungsbewusster Arbeitgeber ist froh, Menschen zu finden, die Lust auf Leistung haben. Nutzen Sie jede Chance, die sich Ihnen bietet.

Arbeit darf und sollte sogar Spaß machen

„Spaß bei der Arbeit?“, werden einige sagen, *„Da müssten Sie mal meinen Chef hören.“* Ja, es gehört zu unserer lustfeindlichen Tradition, etwas aus Pflichtbewusstsein heraus zu leisten und Lustvolles als minderwertig abzutun. Aber was hindert Sie daran, diese Sichtweise für Ihren Lebensbereich abzulegen? Mit Ihren Gedanken, Ihren Einstellungen und Glaubenssätzen können Sie täglich Einfluss auf Ihre Umgebung nehmen und eine lustvollere Atmosphäre schaffen.

Falls in Ihrem Unternehmen alle Offensiven abgeblockt werden, haben Sie immer noch die Alternative, Ihre Ziele in einem anderen Unternehmen oder in der Selbstständigkeit zu realisieren. Ein Risiko einzugehen, schafft mehr Motivation, als klein beizugeben oder zu resignieren! Die Entscheidung, Lust auf Leistung in Ihr Leben zu integrieren, liegt nur bei Ihnen.

2.3.3 Optimismus und Frustrationstoleranz

Unter Motivation verstehen wir zunächst die Willenskraft, den Ehrgeiz und das Pflichtbewusstsein einer Person. Hoch motivierte Persönlichkeiten zeigen aber darüber hinaus noch weit reichendere Qualitäten, nämlich einen tief verankerten Optimismus und die Fähigkeit, auch aus Rückschlägen neue Kraft und Begeisterung zu entwickeln. Man nennt es auch: Frustrationstoleranz. Wir kennen alle die Situation: Sie haben sich ein Ziel gesteckt, das Ihnen viel bedeutet, das Ihnen viel Freude verspricht. Sie arbeiten daran, das Ziel zu erreichen, investieren Zeit, Energie und Gefühle. Und dann stellen Sie fest, so, wie Sie sich das vorgestellt haben, funktioniert es nicht, Sie treffen auf Widerstände oder haben die Aufgabe unterschätzt. Sie sind enttäuscht.

Eine ganz alltägliche Geschichte. Denn unser Handeln, unsere Aktivitäten haben alle nur ein Ziel: die Befriedigung unserer Bedürfnisse. Wenn aber diese Bedürfnisse nicht erfüllt werden, sind wir frustriert. Das geht jedem so. Wir unterscheiden uns nur in der Art und Weise, wie wir mit dieser Frustration umzugehen gelernt haben – wie gut unsere Frustrationstoleranz entwickelt ist.

Sich trotz Enttäuschungen immer wieder motivieren zu können, ist ein Zeichen für emotionale Kompetenz

„Der wesentliche Unterschied zwischen einem kleinen Kind und einem reifen Erwachsenen ist die Fähigkeit, Frustrationen über längere Zeit ertragen zu können“, sagt Dr. Uwe Scheler (Scheler, 1999). Das heißt, die Fähigkeit, die eigenen Bedürfnisse zurückstecken zu können, sich trotz Enttäuschungen und Rückschlägen immer wieder motivieren zu können, ist ein entscheidendes Anzeichen für Persönlichkeitsreife und emotionale Kompetenz.

Alle erfolgreichen Menschen haben eines gemeinsam: Sie geben nicht auf, sondern verfolgen ihre Ziele mit Ausdauer, Konzentration und hohem Engagement. Sie sind Kämpfernaturen, die Rückschläge nicht nur wegstecken, sondern sie als zusätzliche Herausforderung verstehen. Sie sind Optimisten, die umso motivierter sind, je größer die Probleme sind, denen sie sich gegenübersehen.

Hoch motivierte Menschen besitzen die Fähigkeit, negative Gefühle abzulegen und aus jeder Aufgabe Lustgewinn und Befriedigung zu ziehen. Sie verstehen es, sich auch auf unangenehme Tätigkeiten einzulassen und sie als Herausforderung zu sehen. Ihre positive Einstellung gibt ihnen die Kraft, mehr zu leisten als andere und ihre persönlichen Energiereserven zu nutzen.

Hoch motivierte Menschen sind aber auch gute Strategen. Sie strukturieren ihre Aufgaben in kleinere Etappen, um sich durch das Erreichen der Teilziele immer wieder neu zu bestätigen und daraus neue Kraft zu schöpfen. Sie verzeihen sich Misserfolge und sind immer flexibel genug, Handlungen und Entscheidungen zu revidieren und veränderten Bedingungen anzupassen.

Aber wie kann man seine Frustrationstoleranz entwickeln? Wie schafft man es, die kleinen alltäglichen Enttäuschungen in positive Gefühle zu verwandeln und daraus neue Kraft zu ziehen?

So entwickeln Sie Optimismus und Frustrationstoleranz

- Realistische Ziele formulieren.
Setzen Sie sich Ihre Ziele nicht zu hoch. Wer sich vornimmt, an einem Marathonlauf teilzunehmen, wird nicht sofort versuchen, 42 Kilometer zu laufen. Er wird mit Kurzstrecken beginnen und langsam seinen Körper an die Belastung heranführen. Und wer sich vornimmt, den Marathonlauf zu gewinnen, wird ihn kaum durchstehen, weil er mit diesem Anspruch nicht mehr in der Lage ist, seine Energie richtig einzuteilen. Überdenken Sie, ob Sie immer siegen müssen. Viel motivierender ist es, im Rahmen Ihrer bisherigen Fähigkeiten Ihre Leistungsgrenzen zu erweitern.
- Etappenziele setzen.
Wer größere Projekte erfolgreich bewältigen will, muss die Aufgabe strukturieren und ganz konkrete Teilziele festlegen, damit ihm auf dem Weg zum Ziel nicht „die Puste ausgeht". Konzentrieren Sie Ihre Energie immer auf das nächstgelegene Etappenziel. Mit dem Erreichen jedes „Meilensteins" gewinnen Sie an Bestätigung und Motivation für den nächsten Abschnitt. So programmieren Sie sich positiv auf das aktuelle Geschehen und bewältigen Gesamtprojekte, die Sie als unstrukturiertes Ganzes nur gelähmt oder demotiviert hätten.
- Positives Denken fördern.
Wenn Sie schnell ermüden, sich leicht überfordert fühlen oder zu Selbstmitleid neigen, ändern Sie Ihre Sichtweise! Lernen Sie, Anstrengungen nicht als Last und Quälerei, sondern als Herausforderung zu sehen! Jede Anstrengung birgt die Chance der Bestätigung in sich. Und jede Bestätigung gibt Ihnen zusätzliche Kraft für neue Aufgaben.
- Danken Sie jeder Herausforderung, sie ist eine Chance, Selbstvertrauen zu entwickeln!
Die Erfüllung eines Wunsches ist im Augenblick der Erfüllung wenig befriedigend. Weit mehr Kraft und Freude schöpfen Sie aus dem Prozess des Leistens. Ein Wunsch, für den Sie sich besonders anstrengen müssen, wird Ihnen später viel wertvoller erscheinen als das, was Ihnen geschenkt wurde.
- Ausdauer trainieren.
Wie alles ist auch Motivation eine Frage des Trainings. Jede Art von Sport ist deshalb ein gutes Übungsfeld, Engagement und Ehrgeiz zu entwickeln, Ausdauer zu trainieren und Befriedigung und Bestätigung zu erfahren. Suchen Sie sich eine Sportart, die Ihnen besonders viel Freude macht. Versuchen Sie langsam, Ihre körperlichen und mentalen Grenzen auszuloten und vorsichtig zu überschreiten. Sie werden erleben, dass Sie zu unglaublichen Leistungen fähig sind, wenn Sie Ihre Bequemlichkeit überwinden lernen. Machen Sie es sich zur Gewohnheit, sich für jeden kleinen Erfolg zu belohnen, und lernen Sie, sich Niederlagen zu verzeihen.

2.3.4 Proaktives Handeln als Motivationsfaktor

Wer in seinem bisherigen Leben auf äußere Impulse und Reize reagiert hat und nicht lernen konnte, sich eigene Ziele zu setzen, ist ein fremdbestimmtes Leben gewohnt. Er lässt sich durch sein Leben treiben wie ein Stück Holz auf dem Wasser und wird zum Spielball fremder Interessen und Konditionierungen. Kein Wunder, dass solche Menschen in der Regel wenig motiviert sind, denn sie handeln nur auf Verlangen anderer und nicht nach ihren persönlichen Bedürfnissen.

Der Psychologe Viktor Frankl nennt dieses Verhalten REAKTIV und beschreibt damit einen folgsamen, ängstlichen Menschentypus, der sich als Opfer der Umstände sieht und andere für sein Leben verantwortlich macht (Frankl, 1982). Reaktive Menschen sind es nicht gewohnt, ihr Leben in die Hand zu nehmen, machen andere für ihre Situation verantwortlich und erwarten oft, von Vorgesetzten oder Kollegen motiviert zu werden.

Als Gegenstück zum reaktiven beschreibt Frankl den PROAKTIVEN Charakter, der ein selbstbestimmtes Leben führt, gern Verantwortung übernimmt, Spaß an Herausforderungen hat und aus sich selbst heraus Motivation entwickelt.

Neigen Sie zu reaktivem oder proaktivem Verhalten?

Testen Sie selbst, wie weit Sie zu reaktivem oder proaktivem Verhalten neigen. Bitte markieren Sie durch jeweils nur ein Kreuz, zu welcher der konträren Aussagen Sie jeweils wie weit Ihre Zustimmung geben.

NEIGEN SIE ZU REAKTIVEM ODER PROAKTIVEM VERHALTEN?

	++	+	–	– –	
HANDELN					
Ich bilde mir mein Urteil.	❑	❑	❑	❑	Ich übernehme Meinungen.
Ich wähle zwischen Alternativen.	❑	❑	❑	❑	Ich reagiere automatisch.
Ich gestalte.	❑	❑	❑	❑	Ich funktioniere.
Ich entwickle Visionen.	❑	❑	❑	❑	Ich wälze Probleme.
Ich vergebe Prioritäten.	❑	❑	❑	❑	Alles ist mir gleich wichtig.

Selbstmotivation: emotionales Vorbild sein

Veränderung

Ich handle lösungsorientiert.	❑	❑	❑	❑	Ich klage und kritisiere.
Ich trage Verantwortung.	❑	❑	❑	❑	Ich suche die Schuldigen.
Ich lerne aus Fehlern.	❑	❑	❑	❑	Ich bin verstrickt in Fehlern.
Ich habe Spaß an Neuem.	❑	❑	❑	❑	Ich bleibe beim Gewohnten.

Fühlen

Ich fühle mich gefordert.	❑	❑	❑	❑	Ich fühle mich ausgeliefert.
Ich bin Herr meines Handelns.	❑	❑	❑	❑	Ich bin ein Rädchen im Getriebe.
Werte geben mir Sinn.	❑	❑	❑	❑	Mir scheint vieles sinnlos.

Sprache

Ich sage: *„Ich will.“*	❑	❑	❑	❑	Ich sage: *„Man muss.“*
Ich sage: *„Mir ist wichtig.“*	❑	❑	❑	❑	Ich sage: *„Dafür ist keine Zeit.“*

Auflösung: Alle Markierungen in der rechten Hälfte (– / – –) stehen für Motivationsbremsen. Hier sollten Sie an Ihrer Einstellung arbeiten.

Reaktive Verhaltensmuster sind in erster Linie durch die Einstellung des Menschen bestimmt

Wie vieles im Leben, sind auch reaktive Verhaltensmuster in erster Linie durch die Einstellung des Menschen bestimmt und diese Einstellung basiert auf jahrelang antrainierten Denkmustern und Glaubenssätzen, die man nur durch neue Erfahrungen umkehren oder richtigstellen kann. Wer jahrelang das Glas als halb leer gesehen hat, hat Schwierigkeiten, es ab morgen als halb voll zu bewerten – selbst wenn er den Vorteil einer veränderten Perspektive erkennt.

Oft sind es tief greifende emotionale Erlebnisse, wie sie z.B. in Persönlichkeitstrainings möglich sind, die die überholten, im Unterbewusstsein verankerten Glaubenssätze neutralisieren und so eine Einstellungsveränderung möglich machen.

Ein Beispiel aus einem Motivationstraining macht das deutlich: Ein Teilnehmer klagte über seine niedrige Frustrationstoleranz und das starke Bedürfnis nach Anerkennung durch seine Kollegen. Bei der Durchführung verschiedener Übungen erkannte er die Ursache hierfür selbst: Er tendierte dazu, seine Projekte mit hohen Zielvorgaben auf breiter Front zu starten und übersah dabei die kleinen Details. So nahm er sich selbst die kleinen Erfolgserlebnisse und die Motivation, die nötig gewesen wäre, kleine Niederlagen zu überstehen und seine Aufgaben letztendlich erfolgreich zu beenden.

Seine Schlussfolgerung aus einer symbolischen Niederlage war konsequent und richtig: Er musste lernen, nicht nur das große Ganze zu verfolgen, sondern auch die Details zu achten und wertzuschätzen. So wurde er nicht mehr Opfer seiner eigenen Ansprüche, sondern konnte proaktiv Entscheidungen revidieren, sein Handeln den Umständen entsprechend anpassen und wieder erfolgreich sein.

Alte, überholte Wertvorstellungen erkennen und durch konstruktive Einstellungen ersetzen

So sind es oft die persönlichen Wertvorstellungen, die unser Handeln positiv oder negativ beeinflussen. Alte, überholte Wertvorstellungen zu erkennen und durch konstruktive Einstellungen zu ersetzen, ist ein wichtiger Schritt zu einer besseren Motivation und zu mehr Frustrationstoleranz. Der proaktive Mensch fühlt sich nicht als Opfer fremder Vorstellungen, sondern macht seine ideellen Werte zum Maßstab seines Handelns. Sie geben ihm die Sicherheit, auf dem richtigen Weg zu sein, und helfen ihm, Niederlagen zu überstehen.

2.3.5 Negative und positive Glaubenssätze

Glaubenssätze bilden die Spielregeln, nach denen wir glauben, unser Leben ertragen oder gestalten zu müssen

Glaubenssätze sind oft unbewusste Verallgemeinerungen über uns und die Welt, von denen wir zutiefst überzeugt sind. Glaubenssätze sind eng mit unseren Wertvorstellungen verknüpft und bilden praktisch die Spielregeln, nach denen wir glauben, unser Leben ertragen oder gestalten zu müssen. So können wir auch zwischen negativen Glaubenssätzen, *„Das kann ich nicht“*, und positiven Glaubenssätzen, wie *„Das schaffe ich schon“*, unterscheiden (vgl. Kap. 2.2.4).

Negative Glaubenssätze sind oft von anderen Menschen übernommene Äußerungen. Vor allem in der Kindheit sorgt der unreflektierte Glaube an unsere Eltern oder andere wichtige Bezugspersonen dafür, dass deren Urteile über uns sich als Minderwertigkeitsgefühl tief in unserem Unbewussten verankert. Das werden dann Glaubenssätze wie:

- *„Das schaffe ich nicht ..:"*
- *„Das ist zu schwer für mich ..."*
- *„Das hab ich nicht verdient ..."*
- *„Das bringt ja doch nichts ..."*
- *„Das werde ich nie lernen ..."*
- *„Ich kann nicht anders ..."*

Dann haben wir diese negativen Wertungen, ohne dass es uns bewusst wurde, übernommen und sie stehen so lange unserem Erfolg und unserer Entwicklung im Weg, bis wir sie erkannt und korrigiert haben.

Destruktive Einstellungen sind zu einem überwiegenden Teil auf negative Glaubenssätze zurückzuführen

Es ist leicht nachvollziehbar, dass mangelnde Motivation, reaktives Verhalten und destruktive Einstellungen zu einem überwiegenden Teil auf negative Glaubenssätze zurückzuführen sind. Diese Merksätze wirken wie Viren, die auf eine Festplatte eingeschleust wurden, und machen jedes positive Denken oder jede Motivation zunichte. Warum soll ich mich auch anstrengen, wenn mein Leben von destruktiven Verallgemeinerungen wie: *„Das bringt ja doch nichts"*, oder *„Ich kann nicht anders"*, geprägt worden ist. Bei allem, was ich tue, nehmen diese Sätze den schlechten Ausgang vorweg und sie wirken wie selbsterfüllende Prophezeiungen.

Wenn wir dagegen hoch motivierte und erfolgreiche Menschen beobachten, so stellen wir fest, dass ihr Verhalten von einem positiven Denken und konstruktiven Glaubenssätzen geprägt und getragen wird. Für motivierte Menschen typische Sätze sind:

- *„Ich werde das schaffen ..."*
- *„Ich kann das ..."*
- *„Wenn ich etwas will, kann ich es auch realisieren ..."*
- *„Alles, was ich anfasse, wird ein Erfolg."*
- *„Ich weiß immer, was ich will ..."*
- *„Ich kann mich auf mich selbst verlassen ..."*

Diese oder ähnliche Aussagen sind Ausdruck einer selbstsicheren und optimistischen Einstellung und Quelle einer scheinbar unerschöpflichen Motivation. Und tatsächlich gelingt diesen Menschen fast alles: Sie lassen sich von Kleinigkeiten nicht aufhalten, schieben Widerstände selbstbewusst beiseite und haben eine unwiderstehliche Ausstrahlung.

Die Wirkung positiver Glaubenssätze hat mit Glück nichts zu tun

Wer nun vermutet, solche Menschen wären nur so positiv eingestellt, weil sie in ihrem Leben eben Glück gehabt hätten, dem kann ich aus eigener Erfahrung widersprechen. Ich selbst habe jahrelang durch meine negative Einstellung meinem eigenen Glück im Wege gestanden, bis ich meine destruktiven Glaubenssätze erkannt und umgeschrieben habe. Die Kernaussagen habe ich zu einer so genannten AFFIRMATION zusammengefasst, auswendig gelernt und zweieinhalb Jahre täglich damit gearbeitet. So entstand für mich eine neue Wahrheit, die mir geholfen hat, überfällige Entscheidungen zu treffen und mein Leben relativ angstfrei zu verändern. Vieles, wofür ich zuvor vergeblich gekämpft hatte, fiel mir plötzlich in den Schoß. Ich war zurück auf der Erfolgsschiene.

Ich darf also allen Zweiflern versichern: Es funktioniert: *„Der Geist bewegt die Materie“* (Vergil). Wir können uns unser Glück selbst gestalten. Dabei müssen wir uns nicht mehr anstrengen oder eine größere Leistung vollbringen. Nein, das was wir tun, tun wir nur mit größerer Überzeugung, das heißt, wir verschwenden unsere Kraft nicht mit negativen Gedanken, sondern bündeln sie und bringen sie auf den Punkt. Dadurch wird die Wirkung unseres Handelns verbessert, ohne dass wir uns mehr anstrengen müssten.

Eine positive Einstellung bündelt unsere Kraft und bringt sie auf den Punkt

Es gibt verschiedene Wege, zu solcher Effizienzsteigerung zu gelangen. Sie alle haben eines gemeinsam: Sie nehmen Einfluss auf das Unterbewusstsein, denn dort sitzen die blockierenden Muster unserer Erziehung und Historie. Einer dieser Wege ist das Penetrieren von Affirmationen, in denen destruktive Einstellungen ins Positive verkehrt werden, um durch tägliche Wiederholung die alten Hindernisse zu überschreiben. Wenn zum Beispiel eine Führungskraft aus Angst vor Konflikten sich nicht durchsetzen kann, könnte deren Affirmation lauten: *„Ich bin eine mutige Führungskraft und weiß Grenzen zu setzen.“*

Wer seinen Blockaden auf die Schliche kommen will, der sollte einen professionellen Coach zu Rate ziehen oder ein seriöses Selbsterfahrungstraining aufsuchen. In professioneller Begleitung spüren Sie Ihre alten überholten Muster auf und können ein positives Gegenmodell entwickeln. Je intensiver Sie damit arbeiten, desto stärker verändern Sie sich und Ihre Einstellung. Die alten destruktiven Muster verlieren langsam ihre Wirkung und wenn die Blockaden gelöst sind, ist es, als ob

Sie eine angezogene Bremse lösen. Alles, was zuvor so schwierig schien, wird plötzlich ganz leicht.

2.3.6 Die Kraft der freien Entscheidung

Ein Beispiel

Ein selbstständiger Unternehmer bittet mich als Coach um Unterstützung. Er ist ein erfolgreicher Marketingberater, der seine Vision der Selbstständigkeit konsequent realisiert. Trotz seiner beruflichen Erfolge fühlt er sich ausgelaugt und frustriert. Durch das Coaching will er seine verloren gegangene Motivation wiedergewinnen. Er erklärt, wie sehr ihn die beruflichen Anforderungen, die vielseitigen Kundenkontakte und zwischenmenschlichen Probleme belasten. In intensiven Einzelsitzungen wird ihm langsam bewusst, was ihm an seinem Beruf am wichtigsten und liebsten ist: Die immer neuen beruflichen Herausforderungen und der Einfluss, den er als Berater auf seine Kunden ausübt.

Durch sein Sicherheitsdenken und die steigenden finanziellen Abhängigkeiten hat er unbewusst immer häufiger gegen diese seine ureigenen Bedürfnisse verstoßen. Aus Gründen der finanziellen Sicherheit hat er Aufträge angenommen, die ihn beruflich nicht mehr fordern oder kein einflussreiches Arbeiten ermöglichen.

Die Routine dieser Jobs zermürbt ihn, weil ihm die zwei wichtigen Motivationsfaktoren fehlen: Die persönliche Weiterentwicklung und sein Anspruch an ein partnerschaftliches Miteinander.

Indem er sich seiner Wertvorstellungen bewusst wird, kann er ein einfaches Entscheidungsmodell aufstellen:

Alle in Zukunft zugesagten Aufträge sollten mindestens zwei von drei ihm wichtigen Kriterien erfüllen: 1. Gewinn bringend sein; 2. fachlich herausfordernd sein; 3. partnerschaftliches Arbeiten ermöglichen. Wird nur ein Punkt erfüllt, so will er den Auftrag ablehnen.

Nach diesem Muster entscheidet er trotz des finanziellen Risikos, sich von einem Kunden ganz zu trennen. Durch den Mut zu solch einer klaren Haltung findet er zu seiner alten Stärke und Motivation zurück. Innerhalb weniger Wochen gewinnt er nur durch sein selbstbewussteres Auftreten mehrere interessante und lukrativere Aufträge, die den Verlust mehr als wettmachen.

An dieser Geschichte können wir ablesen, welche Kraft in der Möglichkeit der eigenen freien Entscheidung liegt. Ganz gleich, in welcher Situation wir uns befinden, wir können zu allem Ja und Nein sagen. Wenn wir uns einer Situation anpassen, ist es unsere freie Entscheidung. Niemand anderes trägt dafür die Verantwortung als wir selbst.

Handeln Sie proaktiv mit positiver Grundeinstellung

- ENTSCHEIDUNGEN ZU TREFFEN, MOTIVIERT UND MACHT SELBSTBEWUSST, auch wenn sich später herausstellen sollte, dass es eine falsche Entscheidung war. Denn wir besitzen jederzeit die Freiheit, uns auch dagegen entscheiden zu können.
- DAS LEBEN IST KEIN SCHICKSAL, SONDERN JEDERZEIT VON UNS ZU GESTALTEN. Gefühle wie Ohnmacht, Hoffnungslosigkeit oder Hilflosigkeit sind nicht Ergebnis einer unangenehmen Realität, sondern Folge einer nicht getroffenen Entscheidung.
- WER DIE KRAFT DES FREIEN WILLENS DURCH EIGENES TUN ERFAHREN UND NUTZEN GELERNT HAT, HAT DEN MUT UND DIE MOTIVATION, KRISEN UND NIEDERLAGEN ZU ÜBERWINDEN.
- JEDE KRISE, JEDE NIEDERLAGE, JEDER SCHICKSALSSCHLAG IST EINE GELEGENHEIT, UNSERE PESSIMISTISCHE SICHTWEISE ZU VERLASSEN UND DAS GUTE DARIN ZU SEHEN, zum Beispiel die Tatsache, dass wir dadurch gezwungen werden, uns aufs Neue frei zu entscheiden und Neues auszuprobieren.

TEIL 3 EMPATHIE – DIE KUNST SICH EINZUFÜHLEN

Kein Mensch kann das beim anderen sehen und verstehen, was er nicht selbst erlebt hat.

Hermann Hesse

Sich in seine Mitmenschen einfühlen können, ist die wichtigste Voraussetzung, um mit anderen konstruktiv umgehen zu lernen. Wer sein Handeln nicht an den Gefühlen anderer abstimmt, wird überall anecken, Konflikte heraufbeschwören und immer unverstanden bleiben. Empathie macht das Gelingen jeder zwischenmenschlichen Kommunikation erst möglich. Und:

Wer sein Handeln nicht an den Gefühlen anderer abstimmt, wird überall anecken

> *EMPATHISCHE FÜHRUNGSKRÄFTE ERHALTEN EIN VIELFACHES AN INFORMATIONEN ÜBER IHRE MITMENSCHEN, DIE SIE FÜR SINNVOLLE UND ZIELFÜHRENDE ENTSCHEIDUNGEN DRINGEND BENÖTIGEN.*

Auch wenn wir selten unsere Gefühle ehrlich äußern, senden wir unbewusst eine Vielzahl nonverbaler Signale an unsere Gesprächspartner aus, die wir kaum oder gar nicht beeinflussen können: Die Stellung der Lippen, die Bewegung der Augen, die Reaktion der Pupillen, die Stirnfalte zwischen den Augenbrauen, das Zucken der Schultern, die Art eines Händedruckes, unsere Körperspannung oder der Tonfall unserer Stimme verraten untrügliche Details über unsere Gedanken und unseren wahren Gefühlszustand. Sie machen den überwiegenden Teil aller Informationen aus, die zwischen Menschen ausgetauscht werden und sind für die Entwicklung von gegenseitigem Vertrauen viel bedeutender als das, was wir über unsere Sprache mitteilen.

Nonverbale Signale machen den größten Teil aller Informationen aus, die zwischen Menschen ausgetauscht werden

Die Mehrzahl dieser Signale nehmen wir unbewusst wahr und unser Gehirn vergleicht sie automatisch mit dem Gesagten und unseren bisherigen Erfahrungen in vergleichbaren Situationen. Über ein Netzwerk von Nervenzellen, die so genannten SPIEGELNEURONEN, kopieren wir ganz intuitiv die Mimik bzw. die Körperhaltung unseres Gegenübers (Rizzolatti,

2008). Durch diese Nachahmung des Körperausdrucks unseres Mitmenschen erinnert sich unser Gehirn, ohne dass es uns bewusst werden muss, an vergleichbar freudige oder schmerzliche Erfahrungen: Wir zeigen Empathie. Wir fühlen mit.

Das Spiegeln von Gefühlen ist eine natürliche Fähigkeit, die Mensch und Tier angeboren ist

Dieses Spiegeln von Gefühlen ist eine ganz natürliche Fähigkeit, die Mensch und Tier angeboren ist. Schon das Baby auf dem Wickeltisch imitiert die Mimik von Vater oder Mutter und lernt vom ersten Tag an, Gefühle zu teilen. Auch eine empathische Mutter geht zu ihrem weinenden Kind in die Hocke, um mit verstellter Stimme den Schmerz des Kindes auf Augenhöhe und in gleicher Tonlage nachfühlen zu können. Ein einfühlsamer Freund erkennt meine Trauer über den Verlust eines Angehörigen, weil er über das Spiegeln meines Körperausdrucks nachzuvollziehen vermag, wie es sich in mir anfühlen muss, und kann so den Schmerz mit mir teilen.

Warum zählt Empathie im beruflichen Kontext zu den eher unterentwickelten emotionalen Kompetenzen?

Dank der modernen Hirnforschung ist es weit gehend bewiesen, dass uns die Fähigkeit zur Empathie angeboren ist. Wenn dem so ist, drängt sich aber die Frage auf, warum das Einfühlungsvermögen vor allem im beruflichen Kontext zu den eher unterentwickelten emotionalen Kompetenzen zählt?

Ursachen für mangelnde Empathie

Aufgrund meiner Erfahrung als Persönlichkeitstrainer kann ich das bestätigen: Die Mehrzahl aller Führungskräfte hat große Schwierigkeiten, sich auf die Gefühle anderer einzulassen oder diese überhaupt wahrzunehmen. Die Ursachen hierfür scheinen aber individuell sehr unterschiedlich.

Die Bezugspersonen der frühkindlichen Entwicklung gaben ein unzureichendes Vorbild

- EMOTIONALE DISTANZ. Am nachhaltigsten wird die Entwicklung von Empathie unterdrückt, wenn das natürliche Bedürfnis des Babys, Gefühle zu spiegeln und nachzuempfinden, durch das soziale Umfeld nicht erfüllt wird. So kann zum Beispiel die emotionale Kälte der Mutter aufgrund persönlicher Probleme ein Lernen an der wichtigsten Bezugsperson der ersten Jahre fast unmöglich machen. Auch in den folgenden Jahren wird das Kind sich hauptsächlich am Verhalten der Eltern orientieren. In Familien, in denen Gefühle nicht gezeigt werden, hat der junge Mensch kaum Vorbilder, an denen er seine Anlagen zur Empathie entwickeln kann.

Trennung in gute und schlechte Gefühle

- EMOTIONALE WERTUNG. Vielleicht eine der häufigsten Ursachen für die Behinderung von Empathie in unserer Gesellschaft ist die Trennung in gute und schlechte Gefühle. Spätestens in der Schule, wenn die Kinder sich dem sozialen Umfeld anpassen müssen, lernen sie, dass positive Gefühle zulässig sind, Wut und Aggressionen bestraft werden, das Zeigen von Trauer und Leid dem eigenen sozialen Status schaden. So bleibt es nicht aus, dass die meisten Menschen ihre angenehmen Gefühle gerne zeigen und die Freude anderer auch gut nachempfinden können. Wut und Trauer sind aber zu gesellschaftlich unerwünschten Emotionen geworden, die man ungern zeigt, wenn überhaupt, nur fein dosiert. Deshalb haben die meisten Menschen auch kaum Erfahrung im Umgang mit Menschen, die diese Gefühle zum Ausdruck bringen, und reagieren darauf verunsichert, distanziert, erschreckt oder ablehnend, auf jeden Fall aber nicht empathisch.

- STRESS. Selbst wer den gesellschaftlichen Zwängen entkommen ist und sein Einfühlungsvermögen vielseitig entwickeln konnte, findet in unserer Industriegesellschaft ein berufliches Umfeld vor, das von Zeit- und Leistungsdruck geprägt ist. Stress, Angst und Egoismus sind aber die natürlichen Feinde der Empathie. Das ist sicher die Ursache dafür, dass es selbst erfahrenen und feinfühligen Führungskräften schwerfällt, sich regelmäßig auf ihre Mitarbeiter einzulassen, zuzuhören und mitzufühlen. Empathie braucht Zeit, Ruhe und den bewusst gewählten Freiraum, sich für einige Augenblicke dem Gesprächspartner zu widmen.

Ein von Zeit- und Leistungsdruck geprägtes Umfeld lässt keine Gefühle zu

Wer an dieser Stelle bestätigt, dass für einfühlsame Momente im Berufsleben keine Zeit wäre, den möchte ich daran erinnern, wie viel Zeit täglich für unnötige Dinge, für das Klären von Missverständnissen und das Korrigieren von Fehlen vergeudet wird. Und ich behaupte, die Momente, in denen ich mit einem Mitarbeiter, einem Kollegen oder einem Vorgesetzten in Beziehung trete, Verständnis und Empathie zeige, sind die viel bedeutenderen Investitionen, weil sie Vertrauen schaffen, die Kommunikation verbessern und langfristig die Produktivität erhöhen.

Empathie schafft Vertrauen und steigert so langfristig die Produktivität

Eine empathische Führungskraft erkennt die Ängste und Enttäuschungen ihrer Mitarbeiter früher als andere und kann deren destruktiver Wirkung vorbeugen. Sie spürt deren Bedürfnisse und Vorstellungen und kann dieses Wissen zur Stärkung ihrer eigenen Führungskraft nutzen. Und sie verbessert dauerhaft die Qualität der Zusammenarbeit, weil in einer Atmosphäre des Vertrauens weniger Widerstand und mehr Zusammenhalt entstehen.

3.1 Sensibilität und Achtsamkeit

Eine der wichtigsten Fähigkeiten des Menschen, die uns von anderen Lebewesen unterscheidet, ist die Fähigkeit zu kommunizieren. Vor Jahrmillionen entstand unsere Sprache, vor Jahrtausenden die Schrift, beides zählt zu den bedeutendsten Errungenschaften unserer Kultur.

Für das Vertrauen zu einem Menschen hat das gesprochene Wort nur eine Bedeutung von etwa sieben Prozent

Trotzdem belegen Studien wie die des Psychologen Albert Mehrabian, dass für das Vertrauen zu einem Menschen das gesprochene Wort nur eine Bedeutung von etwa sieben Prozent besitzt. Bewusst oder unbewusst geben wir der Wahrnehmung von Stimme, Tonlage, Mimik, Körpersprache, Händedruck und anderen Sinneseindrücken von unserem Gesprächspartner eine viel größere Bedeutung – nämlich 93 Prozent.

Aus diesen vielen Detailinformationen machen wir uns ein Bild, ob der Gesprächspartner uns verstanden hat, Interesse zeigt oder unserer Meinung zustimmt. Erhalten wir im Gespräch von unserem Gegenüber keine oder nur widersprüchliche Informationen, werden wir unsicher bzw. misstrauisch: Wir wiederholen das Gesagte, fragen nach, werden unter Umständen ärgerlich oder brechen das Gespräch ab.

Es ist also nicht damit getan, die Gefühle anderer nur wahrzunehmen. Ein erfolgreiches Miteinander entsteht erst, wenn ich meinem Gegenüber auch Zustimmung oder Sympathie zeige! Das bedeutet, ohne nonverbale Bestätigung, ohne das emotionale Eingehen aufeinander wird unsere Kommunikation gestört, ohne Empathie ist ein wirkliches Verstehen gar nicht möglich.

Ohne Empathie ist ein wirkliches Verstehen gar nicht möglich

Dabei kommt es zunächst nicht darauf an, ob wir die gleichen Interessen haben wie unser Gegenüber oder ob wir dem Gesagten zustimmen, sondern darauf, ob wir der anderen Seite durch unser Verhalten ein gutes Gefühl gegeben haben. Dieses gute Gefühl entsteht nicht durch das, *was* wir sagen, sondern durch das *Wie*. Wenn ich meinen Mitmenschen zeige, dass ich sie verstehe und dass meine Sympathie für sie nicht von ihrer Meinung oder ihrem Verhalten abhängig ist, schaffe ich eine Verständigungsebene, auf der ich meine Wünsche viel leichter durchsetzen kann.

Erfahrene Verkäufer und gute Verhandlungsführer verstehen es, ihren Zuhörern das Gefühl zu geben, dass sie die gleichen Interessen haben. Sie zeigen Empathie, machen Zugeständnisse, wo sie Sympathien gewinnen wollen, und setzen im Gegenzug ihre wichtigen Ziele durch. Ohne Gespür für die Gefühle ihrer Mitmenschen würde das zwangsläufig zu Konflikten führen.

Kriterien für ein sensibles und achtsames Verhalten

Suchen wir nach den Kriterien, an denen wir ein sensibles und achtsames Verhalten erkennen können, so scheinen mir vier Eigenschaften besonders wichtig:

- Die FÄHIGKEIT ZUZUHÖREN und Informationen unvoreingenommen aufnehmen zu können.
- Das BEWUSSTSEIN FÜR KÖRPERSPRACHE UND FEINE SIGNALE DER KOMMUNIKATION sowie die Fähigkeit, diese zu deuten.
- Die NEUGIER AUF ANDERE MENSCHEN und das Interesse an deren Schicksal.
- Die REIFE, DAS EIGENE EGO LOSLASSEN ZU KÖNNEN und die Demut, sich im Detail wiederzufinden.

3.1.1 Hilfsbereitschaft, Mitleid und andere Empathiestörer

Schon in der Art der Aufmerksamkeit, die Ihnen ein Gesprächspartner entgegenbringt, erkennen Sie dessen Bereitschaft, sich auf Sie einzulassen. Wie interessiert hört er Ihnen zu? Hält er mit Ihnen Blickkontakt oder schweifen seine Augen ab? Konzentriert er sich auf das Gespräch mit Ihnen oder ist er parallel mit anderen Dingen beschäftigt? Wartet er ab, was Sie zu sagen haben oder unterbricht er Sie regelmäßig? Lässt er Ihren Worten die Zeit, sie auf sich wirken zu lassen, oder hat er sofort eine Antwort oder einen Widerspruch parat?

Die wenigsten Menschen können wirklich zuhören

Wenn Sie sich an Gespräche erinnern, die Sie mit verschiedenen Personen in letzter Zeit geführt haben, und einmal reflektieren, wer sich wie verhalten hat, werden Sie feststellen, dass die wenigsten Menschen wirklich zuhören können. Vielleicht merken Sie, dass es Ihnen persönlich auch oft schwerfällt, ganz bei Ihrem Gesprächspartner zu sein. Aber das ist notwendig, wenn Sie spüren wollen, was der andere Ihnen zu sagen hat, und wenn Sie Missverständnisse vermeiden wollen.

Es gibt unzählige Formen der Unaufmerksamkeit und Unhöflichkeit, die ein Gespräch stören und offensichtlich werden lassen, dass Empathie fehlt. Es sollte für jeden selbstverständlich sein, dass man so keine vertrauensvolle Beziehung zum Mitmenschen aufbauen kann. Wir wollen uns an dieser Stelle aber auf die versteckteren Formen der Gesprächsstörung konzentrieren, mit denen wir, oft ohne es zu wollen, eine einfühlsame Atmosphäre unterbrechen können.

Ein Beispiel

Nehmen wir einmal folgendes Beispiel: Sie sitzen mit einer vierzigjährigen Sachbearbeiterin im Personalgespräch und sie erzählt Ihnen: *„Ja, das ist bisher immer mein Problem gewesen, dass mir kein Mensch irgendetwas zugetraut hat. Das war schon immer so. Ich bin mir nicht sicher, ob ich wirklich Verantwortung will.“*

Wählen Sie bitte aus den folgenden sechs Antworten diejenige aus, die für Sie typisch und stimmig ist:

A *„Vielleicht wollen Sie die Verantwortung nicht übernehmen, um nicht zu erfahren, was in Ihnen steckt?“*

B *„Sie lassen sich viel zu sehr von anderen beeinflussen.“*

C *„Sie brauchen die Umstände doch nicht so schwer zu nehmen. Das wird schon klappen.“*

D *„Wenn Sie mir erzählen, wie das in der Vergangenheit gelaufen ist, dann können wir in Zukunft Fehler vermeiden.“*

E *„Sie sollten jetzt in diesem Projekt Schritt für Schritt Selbstvertrauen entwickeln.“*

F *„Irgendwie fühlen Sie sich verunsichert, weil man Ihnen bisher nie etwas zugetraut hat.“*

Die von Ihnen gewählte Anwort zeigt eine Tendenz, wie Sie versuchen, in Gesprächen Einfluss zu nehmen:

A BEWERTEND: Ihre Antwort enthält einen moralischen Standpunkt und damit ein Urteil über den anderen.

B INTERPRETIEREND: Sie hören das, was Sie verstehen wollen. Sie suchen nach einer Erklärung, verzerren aber damit die Aussage Ihrer Gesprächspartnerin.

C TRÖSTEND: Sie wollen ermutigen oder beruhigen, machen die Mitarbeiterin damit aber zur hilfsbedürftigen Person.

D ERFORSCHEND: Sie lenken das Gespräch in die Richtung, die Ihnen richtig erscheint. Weil Sie es eilig haben, bedrängen Sie den Partner mit allzu direkten Fragen.

E LÖSUNG ANSTREBEND: Sie neigen dazu, eine sofortige Lösung anzubieten, ohne die Entscheidung Ihrer Mitarbeiterin abzuwarten. So verhindern Sie, dass diese selbstsicher und selbstständig wird.
F VERSTÄNDNIS ZEIGEND: Durch die Wiederholung wollen Sie sichergehen, das Gesagte verstanden zu haben. Diese Haltung ermutigt die Gesprächspartnerin, sich zu öffnen, weil sie weiß, dass Sie vorurteilsfrei zuhören.

Dieses Beispiel zeigt, wie vielseitig und verführerisch die Möglichkeiten sind, im zwischenmenschlichen Bereich Fehler zu machen und echte Empathie zu erschweren. Wir neigen gerne dazu, uns an der Sache und den Zielen zu orientieren und praktische Ratschläge für deren Umsetzung zu geben. Wir interpretieren, geben schlaue Ratschläge, drängeln, bemitleiden und bewerten und verlieren dabei den Menschen und dessen emotionales Befinden aus den Augen. Die Folge ist, dass sich viele in unserer Umgebung nicht beachtet oder wertgeschätzt fühlen.

Vor dem Hintergrund von Sach- und Zielorientierung verlieren wir die Menschen aus den Augen

Viele Menschen verwechseln Einfühlungsvermögen auch mit Mitleid oder Hilfsbereitschaft. Wenn jemand Unsicherheit zeigt oder von einer schwer wiegenden Entscheidung erzählt, interpretieren sie das reflexartig als einen Hilferuf und meinen, die Person trösten und bemitleiden zu müssen. Diese Bemutterung degradiert den Gesprächspartner aber zu einem hilfsbedürftigen Wesen, das scheinbar nicht allein zurechtkommt. Dem Erzähler ist das meist gar nicht recht, weil er sich nicht als den Schwächeren sieht; vielleicht will er nur eine andere Meinung hören, dramatisiert gerne oder schildert einfach gern seine Gefühle.

Bei genauerem Hinsehen entpuppt sich der gut gemeinte Hang, Mitmenschen immer gleich unter die Arme greifen zu wollen, als trügerisch und wenig hilfreich für deren Entwicklung.

Mitleid und spontane Hilfsbereitschaft sind kein Einfühlungsvermögem

Jedes Hilfsangebot nimmt dem Gegenüber die Chance, sich selbst zu beweisen oder eine für ihn richtige Entscheidung zu treffen. Indem wir ihm das abnehmen, stellen wir uns über ihn und erklären ihn faktisch für unfähig, sich selbst zu helfen. Das hat nichts mit Empathie zu tun, sondern ist eher ein Zeichen dafür, dass wir fürchten, uns noch tiefer auf die Gefühle und Bedürfnisse unserer Mitmenschen einlassen zu müssen.

Solche Situationen erlebe ich häufig in meinen Trainings, wenn Führungskräfte von persönlichen Niederlagen erzählen und selbstbewusst ihre Trauer zeigen. Regelmäßig meint dann der eine oder andere Teilnehmer, den Betreffenden trösten zu müssen und spürt gar nicht, wie unangenehm das diesem ist. Meist schwingen in dessen geäußerter Trauer auch andere Gefühle wie Sehnsucht, Glück oder Stolz mit, ohne dass die „Helfer" den Unterschied spüren. Für jemanden, der davon erzählt, wie er in der Überwindung einer Krise an Stärke und Reife gewonnen hat, muss es geradezu lächerlich wirken, von einem Menschen, der das vielleicht noch nie erlebt hat, getröstet zu werden.

Es stellt sich die Frage, warum viele Menschen so sehr dazu tendieren, andere trösten oder beschützen zu müssen. Dafür gibt es zwei psychologische Ursachen: Einerseits ist die Rolle des Hilfsbereiten eine Chance, etwas Gutes zu tun, sich hervorzutun und sich besser zu fühlen. Dahinter steckt das unbewusste Bedürfnis, besser zu sein als andere und das ist ja auch das, was geschieht: Der Hilfsbereite stellt sich über den anderen, um ihm von seiner vermeintlichen Stärke abzugeben.

Der vermeintliche Helfer setzt sich in ein gutes Licht

Andererseits ist es eine Tatsache, dass viele Menschen es nicht ertragen können, wenn ihre Mitmenschen Gefühle zeigen, denn es rührt an den eigenen verborgenen Schmerzen, vor denen sie so viel Angst haben. Also versuchen sie, die Gefühle ihrer Mitmenschen schnell wegzutrösten, um den eigenen aufkommenden Schmerz wieder deckeln und unterdrücken zu können. Damit entwerten die Helfer den Mut desjenigen, der seine Gefühle zeigt, auf ganz ignorante Weise. Denn ganz gleich, wie alt und erfahren wir sind – jeder von uns ist Frau oder Manns genug, zu seinen Gefühlen zu stehen und hat das Recht, sie für sich erleben und genießen zu dürfen, ohne dass ein Hilfsbereiter sie ihm wegnimmt.

Er kann offenbarte Gefühle nicht ertragen und tröstet sie schnell weg

Empathie beginnt also mit der Bereitschaft, die Emotionen unserer Mitmenschen auszuhalten und anzunehmen und ihnen in uns selbst den Raum zu geben, mitschwingen zu können.

Empathie beginnt mit der Bereitschaft, die Emotionen unserer Mitmenschen auszuhalten und anzunehmen

Die erste und wichtigste Regel der Empathie lautet deshalb:

LASSEN SIE IHREM GESPRÄCHSPARTNER DIE ZEIT, SICH ZU FINDEN UND ZU ZEIGEN!

3.1.2 Aktives Zuhören

Die Fähigkeit einer empathischen Gesprächsführung nennt der Kommunikationspapst Schulz von Thun Aktives Zuhören. Gemeint ist damit die Bereitschaft, die Rolle des Zuhörers nicht als ungeduldige und passive Warteposition zu verstehen, sondern ihr den Wert zu geben, der Empathie erst möglich macht: Das Zuhören als eine aktive Vorbereitung auf eine verständnisvolle Kommunikation.

Zuhören als eine aktive Vorbereitung auf eine verständnisvolle Kommunikation

Aktives Zuhören ist aber mehr als nur eine Technik der Gesprächssteuerung: Es ist eine Frage der positiven Einstellung zum Gesprächspartner. Es setzt voraus, dass ich mein Gegenüber auf der Beziehungsebene akzeptiere und annehme. Es bedarf deshalb der besonderen Fähigkeit der Selbstkontrolle, sich nicht von den Eigeninteressen leiten zu lassen, sondern den Gesprächspartner in den Mittelpunkt der Kommunikation zu stellen. Das bedeutet:

Eigeninteressen zurückstellen und den Gesprächspartner in den Mittelpunkt der Kommunikation stellen

- Sie haben die Absicht, Ihr Gegenüber zu verstehen.
- Sie halten persönliche Meinungen und Gefühle zurück.
- Sie versetzen sich in die Lage des anderen.
- Sie sprechen seine Gefühle an.

Die Technik des aktiven Zuhörens unterscheidet zwischen zwei generellen Reaktionsweisen:

- Dem PARAPHRASIEREN, das heißt, das Gesagte mit eigenen Worten zu wiederholen oder zusammenzufassen, und
- dem VERBALISIEREN, was hier bedeutet, den emotionalen Inhalten des Gesagten Ausdruck zu verleihen.

Das nochmalige Erfassen des sachlichen Inhalts ist die einfachste Form einer Rückkopplung. Sie gibt dem Gesprächspartner die Möglichkeit, Verständnislücken im Gespräch aufzudecken und zu korrigieren. Paraphrasieren dient dazu, Mitteilungen auf der Sachebene zu prüfen, und eignet sich besonders in Situationen, in denen man man den Gesprächspartner nur oberflächlich kennt.

Paraphrasieren ist die einfachste Form der Rückkopplung

Bleiben wir bei unserem Beispiel aus dem vorherigen Kapitel, so haben wir mit der Antwort F: *„Irgendwie fühlen Sie sich verunsichert, weil man Ihnen bisher nie etwas zugetraut hat“*, mit eigenen Worten eine Zusammenfassung des vorher Gesagten abgegeben, ohne tiefer auf die Gefühlslage der Mitarbeiterin einzugehen.

Verbalisieren dient dazu, den emotionalen Inhalt einer Botschaft zu hinterfragen oder zu klären

Das Verbalisieren dagegen dient dazu, den emotionalen Inhalt einer Botschaft zu hinterfragen oder zu klären, vor allem, wenn die Hintergründe oder Gefühle der Aussagen nicht deutlich zum Ausdruck kamen. Im Gegensatz zur sachlichen Wiederholung erfordert das Verbalisieren vom Zuhörer mehr Mut und Empathie als das Paraphrasieren, das heißt, wir sollten unseren Gesprächspartner besser kennen oder schon ein Gespür für seine Gefühle haben.

Verbalisieren Sie auf drei unterschiedlichen Kommunikationsebenen:

- Die verbale Ermutigung zeigt Ihr Interesse an der Erzählung und regt den Gesprächspartner an, sich weiter zu öffnen. Im vorliegenden Beispiel könnten wir sagen: *„Das klingt, als ob Sie mir mehr dazu erzählen wollten,“* oder *„Mich interessiert, was Sie da so unsicher macht.“* Mit diesen Aussagen legen Sie sich nicht fest, sondern überlassen es Ihrer Mitarbeiterin, die inhaltliche Richtung zu bestimmen.
- Die weiterführende oder klärende Frage hat das Ziel, einen Teilaspekt des Gehörten näher zu beleuchten und nach den versteckten oder nicht direkt angesprochenen Gefühlen zu forschen. Bei dieser Form des Verbalisierens ist es besonders wichtig, keine geschlossenen Fragen zu stellen, die nur mit „Ja“ oder „Nein“ beantwortet werden können, sondern offene Fragen, so genannte W-Fragen, die mit „wie“, „was“, „wann“, „wer“, „weshalb“ oder „wo“ beginnen und keine Antwort vorgeben. In unserem vorliegenden Fall könnten Sie zum Beispiel fragen: *„Wie fühlt sich das denn an, wenn Ihnen keiner etwas zutraut?“* oder *„Was meinen Sie denn mit: ich bin mir nicht sicher?“*
- Unter Statement verstehen wir eine Aussage über den gefühlsmäßigen Zustand des Gesprächspartners, das heißt, wir schließen aus den Worten und dem nonverbalen Verhalten unseres Gegenübers auf dessen emotionalen Zustand und sprechen diese Gefühle direkt an. Mit dieser Form des Verbalisierens laden Sie Ihr Gegenüber ein, über seine Gefühle sprechen zu dürfen. In der Regel wird das als ein Vertrauensbeweis gewertet und selbst wenn Sie einmal falsch liegen, wird er die Chance wahrnehmen, das Gefühl klarer zu benennen. *„Sie sind enttäuscht, dass Ihnen niemand etwas zutraut“*, oder *„Sie sind deprimiert, dass keiner mit Ihnen rechnet“*, wären sinnvolle Statements, um das Gespräch auf eine tiefere Verständnisebene zu lenken.

Das aktive Zuhören ist eine besonders wirkungsvolle Methode, seine Empathie zu trainieren. Sie dürfen aber nicht vergessen, dass es in erster Linie auf Ihre konstruktive und offene Einstellung ankommt. Deshalb ist das richtige Setting nicht zu unterschätzen. Führen Sie nie ein solches Gespräch zwischen Tür und Angel. Sorgen Sie immer für eine entspannte und positive Atmosphäre, in der Sie nicht gestört werden! Achten Sie darauf, dass Sie auch in Ihrer Körperhaltung für das Gespräch offen sind, das heißt, dem Gesprächspartner zugewandt, mit offener Gestik und im Blickkontakt. Geben Sie dem anderen Zeit und Raum, sich zu zeigen. Ohne Druck ist Empathie eine Investition in die Beziehung.

Aktives Zuhören ist eine besonders wirkungsvolle Methode, seine Empathie zu trainieren

3.1.3 Offenheit und Erlebnistiefe

Ein wichtiger Faktor in der Entwicklung der persönlichen empathischen Fähigkeiten ist die ganz individuelle Erlebnistiefe eines Menschen, die nicht nur genetisch bedingt ist, sondern wie schon erwähnt, stark von den Kindheitserfahrungen geprägt wird.

Grundsätzlich scheinen alle kleinen Kinder ihre Umgebung noch viel intensiver wahrzunehmen als Erwachsene. Mit großer Lust, ganz unvoreingenommen und frei von Ängsten erobern sie ihre Welt und saugen die Eindrücke auf wie ein trockener Schwamm. Sie leben dabei ihre Gefühle ganz hemmungslos aus und empfinden auch die Freude und die Schmerzen ihrer Spielgefährten viel unmittelbarer nach, als das den meisten Erwachsenen möglich ist.

Kleine Kinder leben Emotionen hemmungslos aus und empfinden die Gefühle ihrer Spielgefährten unmittelbar nach

Im Laufe der Jahre nimmt diese Fähigkeit der ungefilterten Wahrnehmung und die Lust am Erleben langsam ab. Die Erfahrungen und die daraus erwachsenden Ängste machen die Kinder vorsichtiger und durch die sozialen Anpassungsprozesse wird ihre natürliche Spontanität mehr oder weniger unterdrückt. Später schränken wir uns selbst ein, passen uns den gesellschaftlichen Normen an, schrecken vor neuen Risiken zurück und lassen unsere natürlichen Wahrnehmungsfähigkeiten langsam verkümmern.

Doch wir begegnen immer wieder Menschen, die sich ihre kindliche Lebendigkeit zu einem großen Teil bewahrt haben und diese Charaktere zeigen auch deutlich mehr Empathie als der Durchschnitt unserer Mitmenschen. Häufig sind sie in kreativen oder kaufmännischen Berufen erfolgreich, eben dort, wo ihr Einfühlungsvermögen besonders gefragt ist. Sie sind

Menschen, die sich ihre kindliche Lebendigkeit bewahrt haben, sind im Durchschnitt empathischer als andere Menschen

sensibel, oft redegewandt und können gut mit anderen Menschen umgehen.

In der Biografie empathischer Menschen zeigt sich, dass sie in frühen Jahren ein größeres Bedürfnis nach Mutterliebe entwickelt haben als andere Kinder. Aus diesem kindlichen Bedürfnis nach Nähe und Verständnis heraus wurde ihre Wahrnehmungsfähigkeit und ihre Lebendigkeit bis ins Erwachsenenalter gefordert und weiterentwickelt. So erleben sie Freude und Angst intensiver als andere Charaktertypen und sind auch empfänglicher für die Freude und das Leid anderer Menschen. Da sie oft selbstkritisch und ängstlich sind, leiden sie unter Niederlagen und Krisen mehr als andere und zeigen leicht einen Hang zum Dramatisieren, ganz nach dem Motto „himmelhoch jauchzend – zu Tode betrübt". Diese Mischung der gelebten Gefühle wirkt auf andere gelegentlich anstrengend, es macht empathische Menschen aber offener und lebendiger. Aus den eigenen intensiven Erfahrungen heraus fällt es ihnen leicht, mit den Gefühlen ihrer Mitmenschen mitzuschwingen.

Auch wenn wir unsere eigene Biografie nicht neu erfinden können, so haben wir doch die Chance, den eigenen Anteil an Trauer und Bedürftigkeit in uns zu entdecken, zu akzeptieren und daraus unser Mitgefühl am Mitmenschen zu stärken. Und wer in seinem Leben noch keine großen Niederlagen erleben durfte, der kann das jederzeit nachholen und beginnen, die Risiken einzugehen, die er bisher vermieden hat.

DER SCHLÜSSEL ZUR ENTWICKLUNG UNSERER ERLEBNISFÄHIGKEIT LIEGT ALSO IN DER „KINDLICHEN" BEREITSCHAFT, NEUE ERFAHRUNGEN ZU MACHEN UND SEINE SINNE ZU SCHÄRFEN.

Haben Sie den Mut, auch negative Erlebnisse und Niederlagen in Kauf zu nehmen

Haben Sie den Mut, auch negative Erlebnisse und Niederlagen in Kauf zu nehmen. Das kann damit beginnen, eine unbekannte Person auf der Straße in ein Gespräch zu verwickeln, ohne Hotelbuchung in ein fremdes Land zu reisen, an einem Selbsterfahrungstraining teilzunehmen oder auf andere Weise die scheinbare Sicherheit aufzugeben.

Das Wiederentdecken Ihrer versteckten Ängste wird Ihnen helfen, alle Gefühle wieder intensiver wahrzunehmen – auch die Ihrer Mitmenschen.

3.1.4 Die Neugier am Mitmenschen

In meiner Studentenzeit hatte ich einen ebenso lukrativen wie aufregenden Job in einem gut besuchten Kulturzentrum. Am Wochenende stand ich bis spät in die Nacht am Tor, um die Eintrittsgelder für den Besuch von Blues- und Jazzveranstaltungen einzunehmen, und war ständig im Kontakt mit ganz unterschiedlichen Besuchern – am intensivsten aber mit denen, die versuchten, hineinzugelangen ohne zu zahlen.

Da waren die Geduldigen, die mich in stundenlange Gespräche verwickelten, um meine Sympathie zu gewinnen und 20 Minuten vor Kassenschluss 50 Pfennig zu sparen. Da waren die Trickser, die mich mit nachgemaltem Eintrittsstempel hinters Licht führen wollten. Und da gab es die Politischen, die sich vor dem Eingang zusammenrotteten, um dann mit linken Kampfparolen den Laden zu stürmen. Schließlich hatten wir die wilden 1970er-Jahre und ich die Gelegenheit, mit zahlreichen abgedrehten Charakteren fair, aber konsequent umgehen zu lernen.

Das für mich aufschlussreichste Erlebnis hatte ich, als sich eines Nachts ein Rocker in schwarzem Leder vor mir aufbaute, mich aus nächster Distanz fixierte und fauchte: „Lass mich rein!“ Um seiner Aussage ganz unmissverständlich Nachdruck zu verleihen, trat er dabei mit einem seiner metallbeschlagenen Stiefel und seinen zwei Zentnern so auf meinen Fuß, dass mir vor Schmerz die Tränen in die Augen schossen.

Blitzartig war mir klar: Wenn du auf diese Provokation eingehst, landest du noch heute Nacht im Krankenhaus! Also nahm ich all meinen Mut und meinen Humor zusammen, legte ihm ganz sanft die Hand auf die Schulter und flüsterte ihm ins Ohr: „Hey, Typ, du stehst auf meinem Fuß ...“

Völlig irritiert von so viel Freundlichkeit, nahm er seinen Fuß zurück und schaute mich verdutzt an. Sein „Ich zahl keinen Eintritt! Ihr beschissenen Ausbeuter!“ kam schon mit sehr viel weniger Überzeugung rüber als sein erster Versuch. So hatte ich die Ruhe, ihn mir genauer anzuschauen: Über seinem massigen Körper spannte sich die Lederkluft. Die öligen Haare klebten ihm im Gesicht. Er roch ganz deutlich nach Schweiß und Alkohol.

„Glaubst du, ich stünde jede Nacht fünf Stunden in der Kälte rum, wenn ich zu den Ausbeutern zählen würde?“ Im Nu hatte ich ihn in ein Gespräch über wirtschaftliche Abhängig-

keiten im Spätkapitalismus verwickelt und wenig später saß er neben mir auf dem Tisch und diskutierte mit mir über Politik und Gesellschaft. Nur weil ich auf seine blinde, aus der Not geborene Wut nicht eingegangen war, brach die harte Schale auf und er zeigte eine ganz andere Seite von sich: Seine Perspektivlosigkeit, seine Verzweiflung und seine Sehnsucht nach Vertrauen.

Aus diesem Schlüsselerlebnis habe ich gelernt, meine Mitmenschen nicht nach dem ersten Eindruck zu bewerten oder zu verurteilen, sondern ihnen immer mehrere Chancen zu geben. Hinter jedem zunächst unattraktiven Äußeren, jedem unverständlichen Verhalten steckt ein Mensch, der wert ist, dass man sich mit ihm beschäftigt. Er hat seine individuelle Geschichte, voller Handikaps, voller Niederlagen, oft voller Tragik, die aus ihm das gemacht hat, was er lebt und darstellt.

Die Neugier auf andere ist einer der Grundpfeiler der Empathie und damit Voraussetzung, Vertrauen zu gewinnen

Viele dieser Leben sind wie ein Krimi: brutal, spannend und unglaublich. Es ist nicht schwierig, neugierig darauf zu sein, wenn man sich die Zeit lässt, auf den anderen einzugehen. Die Neugier auf andere Menschen ist einer der Grundpfeiler der Empathie und damit Voraussetzung, das Vertrauen anderer Menschen zu gewinnen. Nur fällt diese Neugier vielen Menschen so schwer, weil sie hauptsächlich mit sich selbst beschäftigt sind und davon ausgehen, dass alle Menschen das gleiche Werte-Empfinden und die gleiche Einstellung haben müssten wie sie selbst.

Deshalb ist die Intoleranz allem Fremden gegenüber weit verbreitet. Wer sich in seine Welt zurückzieht und alles Ungewohnte ablehnt, fühlt sich schnell von andersartigen Menschen und deren „Hilferufen“ gestört. Aber er nimmt sich damit auch die Chance, sein eigenes Leben und das anderer Menschen zu bereichern und weiterzuentwickeln.

Mit etwas mehr Empathie, Toleranz und Offenheit lassen sich Vorurteile abbauen und Ängste überwinden

Leider zählen diese Werte zurzeit in unserer Gesellschaft nicht sehr viel, weil die meisten Führungskräfte fälschlicherweise glauben, mit Härte, Druck und Ellenbogen mehr erreichen zu können. Das Gegenteil ist der Fall: Mit etwas mehr Empathie, Toleranz und Offenheit können wir Vorurteile abbauen, Ängste überwinden helfen, frustrierte Menschen in die Gemeinschaft reintegrieren und Leistungsreserven mobilisieren. Es bedarf dazu nur der bewussten Entscheidung, im Moment der Begegnung den eigenen Druck, den Leistungsanspruch, den Stress zurückzunehmen und den vermeintlichen „Gegner“ als Menschen zu erkennen.

Wie leicht fiel es mir, dem verzweifelten Rocker ein anderes, weit weniger nihilistisches Weltbild zu beschreiben! Auch wenn das sein Leben nicht wirklich verändert haben mag, so hatte er für eine Stunde sein aggressives Muster abgelegt und meine Meinung ernst genommen. Und anschließend zahlte er freiwillig seinen reduzierten Eintrittspreis, um die letzten 40 Minuten des Blues-Konzertes mitzuerleben. So beginnt emotionale Führung und Veränderung im Stillen: beim Zuhören, beim Verstehenwollen und beim Annehmen des anderen.

3.2 Vertrauen in Mensch und Beziehung

Es gibt zahlreiche Menschen und Führungskräfte, die sehr sensibel und neugierig sind, die sehr gut zuhören können, die rücksichtsvoll mit ihren Mitmenschen umgehen und die trotzdem kaum einen Zugang zu anderen finden. Sie bleiben in Distanz, wirken misstrauisch und scheinen eine gewisse Abneigung zu verspüren, sich auf andere einzulassen. Daraus lässt sich folgern, dass es weitere Kriterien gibt, ohne die Empathie nicht funktioniert: Es ist das notwenige Vertrauen in andere Menschen und die Beziehung an sich.

Empathie benötigt Vertrauen in andere Menschen und die Beziehung an sich

Als Führungskraft bin ich in einer Sonderrolle, die besondere Ansprüche an mich stellt: Ich werde nicht nur an meinen Taten gemessen, sondern auch an der Leistung meines Teams. Ich habe die Aufgabe, meine Mitarbeiter zu fordern und muss regelmäßig erleben, dass ich die Maßstäbe, die ich an mich selbst stelle, nicht eins zu eins auf diese übertragen kann.

Für viele Führungskräfte ist dieser Zwiespalt zwischen Fordern und Tolerieren eine nur schwer erträgliche emotionale Belastung.

Zwiespalt zwischen Fordern und Tolerieren

Zahlreiche Führungskräfte sind in ihrem Selbstbild und Selbstwert in hohem Maße von ihrer eigenen Leistungsbereitschaft abhängig: Erfolg macht sie stark, aber Misserfolg empfinden sie als persönliche Abwertung. Das hat zur Folge, dass sie andere Menschen auch an ihrer Leistung messen und bewerten. Entspricht diese Leistung nicht den eigenen Ansprüchen, erscheinen diese Menschen ihnen auch als weniger wertvoll. Schließlich ist es leichter, den anderen abzulehnen, als den eigenen Ehrgeiz selbstkritisch zu hinterfragen.

Keine Führungskraft, die glaubt, etwas Besseres zu sein, kann ihren Mitarbeitern noch wertschätzend entgegentreten

In der Rolle einer Führungskraft ist eine solche Sichtweise häufig anzutreffen, aber sie ist besonders kritisch, weil sie Distanz zu den Mitarbeitern schafft und die Arbeitsatmosphäre vergiftet. Keine Führungskraft, die glaubt, etwas Besseres zu sein, kann ihren Mitarbeitern noch wertschätzend entgegentreten, deren Vertrauen gewinnen und deren Ressourcen fördern und entwickeln. Ein Menschenbild, das von Überheblichkeit und Zynismus geprägt ist, untergräbt das Vertrauen in Mensch und Beziehung.

Aus meiner eigenen Führungserfahrung kann ich ein Lied davon singen. Wie schwer ist es mir gefallen, es nicht als persönlichen Affront zu verstehen, wenn meine Erwartungen von Mitarbeitern nicht erfüllt wurden! Vor dem Hintergrund meiner leistungsorientierten Erziehung war für mich nicht vorstellbar, dass andere Menschen nicht den gleichen Willen und Ehrgeiz aufbringen konnten, obwohl ich ihnen doch die hohe Bedeutung der Aufgabe vermittelt zu haben glaubte.

Die Mehrzahl der Führungskräfte scheint mit den heute an sie gestellten Ansprüchen überfordert. Hohe Zielvorgaben, Wettbewerbsdruck und Mitarbeiterführung schaffen eine konfliktträchtige Atmosphäre. Der Stress ist hoch, das Risiko zu versagen immer präsent. Keiner hat ihnen beigebracht, mit ihren Ansprüchen an sich und ihre Mitarbeiter umzugehen. Also bleiben sie mit ihren Gefühlen auf Distanz und trösten sich mit ihrer scheinbaren Überlegenheit.

Aber die gespielte Überlegenheit verhindert, dass sie Vertrauen zu ihren Mitarbeitern aufbauen. Solange sie ihre Enttäuschung, ihre Wut und andere Gefühle unterdrücken, können sie auch kein Einfühlungsvermögen für andere entwickeln. Dem distanzierten Manager fehlt die emotionale Bindung zu seinen Mitarbeitern. Die Folgen: Keine echte Anerkennung, weniger Wertschätzung, wenig Sicherheit, kein Vertrauen in die Beziehung.

Gefühle zu zeigen, spielt für die Empathie eine große Rolle, weil es Ausdruck von Lebendigkeit und Ehrlichkeit ist. Dafür gibt es unzählige Beispiele: Der Freudenschrei beim Sport, die Freudentränen eines Olympiasiegers oder die Betroffenheit eines selbstkritischen Managers sind Zeichen eines ehrlichen und selbstbewussten Auftretens. Sie bewegen uns, weil wir in der ehrlichen Äußerung das Vertrauen finden, nach dem wir uns sehnen!

Welche positive Energie entsteht, wenn man zu Mitmenschen Vertrauen entwickelt, erlebe ich auch auf meinen Trainings, wenn zunächst distanzierte Führungskräfte den Mut entwickeln, die Gefühle ihnen unbekannter Teilnehmer aufzunehmen und ihnen nachzuspüren. Nach wenigen Tagen entwickelt sich ein tiefes gegenseitiges Vertrauen und Gemeinschaftsgefühl, das allen Beteiligten wie ein Wunder vorkommt. Dabei ist es ganz einfach zu erklären: Es entsteht durch die Erfüllung einer tiefen Sehnsucht nach vertrauensvoller Beziehung und die Erkenntnis, wie leicht das möglich ist, wenn man Vertrauensvorschuss gibt.

Führung beginnt damit, in Beziehung zu meinen Mitarbeitern zu treten und Vertrauen zu gewinnen – das Vertrauen der Menschen, für die ich die Verantwortung trage. Als Führungskraft muss ich den ersten Schritt machen, denn für die Mitarbeiter ist das doppelt schwer, da sie sich in einem größeren Abhängigkeitsverhältnis befinden. Das erfordert Mut und die Bereitschaft, mich zu zeigen und den Status meiner Position im Kontakt mit dem Mitarbeiter aufzugeben, um ihm auf Augenhöhe begegnen zu können.

Als Führungskraft den Mitarbeitern Vertrauensvorschuss einräumen

Habe ich das Vertrauen meiner Mitarbeiter gewonnen, brauche ich sie nicht mehr zu manipulieren.

ALS EMPATHISCHE FÜHRUNGSKRAFT GELINGT ES MIR, AUF DIE BEDÜRFNISSE MEINER MITARBEITER EINZUGEHEN UND DEREN INTERESSEN MIT DEN ZIELEN DER ORGANISATION IN EINKLANG ZU BRINGEN.

3.2.1 Das Beziehungskonto

Wir alle wissen, wie ein Bankkonto funktioniert: Wir zahlen auf dieses Konto Geld ein, bauen ein Guthaben auf und können wieder abheben, wenn wir etwas benötigen. Ein Beziehungskonto ist eine Metapher, die Stephen R. Corvey in seinem Buch *„Die sieben Wege zur Effektivität“* benutzt (Corvey, 2005). Ein Beziehungskonto beschreibt, wie viel Vertrauen in einer Beziehung aufgebaut worden ist. Ein regelmäßiges, konstruktives Verhalten wirkt wie eine Einzahlung auf ein Konto.

Ein Beziehungskonto beschreibt, wie viel Vertrauen in einer Beziehung aufgebaut worden ist

Wenn ich durch Ehrlichkeit, Fairness und Wertschätzung in die Beziehung zu einem Mitarbeiter einzahle, dann baue ich bei ihm langsam emotionale Reserven auf. Das heißt, sein Ver-

Solange das Vertrauenskonto im Plus steht, werden Führungsfehler in einem gewissen Grad verziehen

trauen zu mir als Vorgesetztem wächst und ich kann dieses Vertrauen, wenn nötig, belasten, ihn beispielsweise in einer Krisensituation hart konfrontieren. Bis zu einem gewissen Grad werden mir Fehler verziehen, solange das Vertrauenskonto im Plus steht.

Bin ich aber arrogant und unhöflich, habe die Angewohnheit, schnell aus der Haut zu fahren oder das Vertrauen meines Mitarbeiters zu missbrauchen, ist bald mein Beziehungskonto zu ihm überzogen. Die Folge ist, mir wird kein Kredit mehr gewährt: Die Beziehung wird feindselig, der Mitarbeiter geht in Abwehrhaltung, verliert seinen guten Willen, macht möglicherweise nur noch Dienst nach Vorschrift.

Dauerhafte Beziehungen, besonders die im beruflichen Umfeld, bedürfen ständiger Einzahlungen, denn die täglichen Interaktionen unter Stressbedingungen schaffen regelmäßige, automatische Abbuchungen, von denen wir als Führungskraft meistens gar nichts mitbekommen.

Um nicht unerwartet vor leeren Beziehungskonten zu stehen, müssen wir immer daran denken, für das Vertrauen unserer Mitarbeiter etwas zurückzulegen, damit wir zur Not noch Reserven besitzen. Denn wenn es hart auf hart kommt, sind Sie auf das Vertrauen Ihrer Mannschaft angewiesen.

Stephen Corvey spricht von sechs wesentlichen Formen der Einzahlungen:

So legen Sie Reserven auf den Beziehungskonten zu Ihren Mitarbeitern an

- Das Individuum verstehen. Der Versuch, den Mitmenschen zu verstehen, ist eine sehr grundlegende Einzahlung, denn Sie müssen erst einmal erkennen, ob das, was Sie als solches bewerten würden, vom anderen auch als Investition verstanden wird. Wenn Ihr Angebot nicht die Bedürfnisse Ihres Gegenübers trifft, kann es auch als Abbuchung gesehen werden. Wenn wir uns aber die Interessen des anderen zu eigen machen und darauf eingehen, wird das jeder als Wertschätzung seiner selbst erkennen.
- Auf Kleinigkeiten achten. Die kleinen Aufmerksamkeiten und Zuwendungen sind wichtiger als wir ahnen. Selbst wenn wir glauben, unsere Beziehung zu einer Person sei im Lot, kann schon eine unbedachte Geste, eine unglückliche Äußerung eine Abbuchung bedeuten. Deshalb sollten wir aufmerksam sein und die kleinen

Momente des Zögerns, einen Anflug von Trauer oder Unsicherheit beim anderen nicht übersehen, sondern hinterfragen. Schon das kann als Einzahlung verstanden werden.

- **VERPFLICHTUNGEN EINHALTEN.** Ein Versprechen oder eine Verpflichtung einzuhalten ist eine wichtige Einzahlung, weil wir alle dazu neigen, unsere Hoffnung auf Versprechen aufzubauen. Wenn dann Versprechen nicht eingehalten werden, zählt das zu den besonders schweren Abbuchungen. Deshalb sollten Sie als Führungskraft Ihren Mitarbeitern nie etwas versprechen, was Sie nicht wirklich halten können, sonst kostet es Sie enorme Investitionen, das verlorene Vertrauen wiederzugewinnen.
- **ERWARTUNGEN KLÄREN.** Die Ursache für die Mehrzahl aller Beziehungskonflikte liegt in den unterschiedlichen Erwartungshaltungen hinsichtlich der Rollen und Ziele. Unklare Erwartungen im Berufsleben führen zwangsläufig zu Missverständnissen, Enttäuschungen und Vertrauensverlust. Da Erwartungen selten benannt oder festgelegt werden, aber individuell interpretierbar sind, ist die Gefahr, dass sie zu Abbuchungen führen, noch größer. Deshalb ist es Aufgabe jeder Führungskraft, das Thema anzusprechen und zu klären.
- **PERSÖNLICHE INTEGRITÄT ZEIGEN.** Als Führungskraft Integrität zu zeigen ist mehr, als nur ehrlich und aufrichtig zu sein. Integrität heißt, loyal zu sein zu Mitarbeitern, Kollegen und Vorgesetzten. Das kann zu einer besonderen Herausforderung werden, wenn zum Beispiel die Abmachungen im Team mit konträren Anforderungen der Organisation in Konflikt geraten. Wem es gelingt, Loyalität und Rückgrat zu zeigen, wird das als wertvolle Einzahlung verbuchen können. Alles andere wie Doppelzüngigkeit, Scheinheiligkeit oder Feigheit wird Sie dagegen Vertrauen kosten.
- **SICH BEI „ABHEBUNGEN“ EHRLICH ENTSCHULDIGEN.** Wenn wir eine Abbuchung vom Vertrauenskonto vornehmen, dann müssen wir uns bei der betreffenden Person für unser Verhalten entschuldigen. Wenn wir das ehrlich und ernsthaft meinen, dann wird das auch als Einzahlung verstanden werden. Das fällt nicht immer leicht, denn es darf nicht aus Mitleid heraus geschehen, sondern muss von Herzen kommen. Wem das gelingt, der hat Charakter bewiesen und gezeigt, dass er als selbstbewusste Führungskraft das Vertrauen seiner Mitarbeiter verdient hat.

Seine Beziehungskonten zu pflegen ist eine der griffigsten Methoden, Empathie wirklich zu praktizieren. Sie kann aber nur auf der Basis eines positiven Menschenbildes gedeihen. Wer sich selbst immer nur als Sieger sehen will, muss zwangsläufig daran scheitern.

Seine Beziehungskonten zu pflegen ist eine der griffigsten Methoden, Empathie wirklich zu praktizieren

3.2.2 Die Win-win-Strategie

Wenn Sie sich über einen Kollegen ärgern, weil dieser zum wiederholten Mal einen Fehler begangen hat, werden Sie üblicherweise in Konfrontation gehen und versuchen, Druck auszuüben. Zwangsläufig bringen Sie ihn damit in eine defensive Position, weil Sie sich über ihn stellen und die Regeln vorgeben. Wenn der Kollege nicht besonders gute Argumente zu seiner Verteidigung vorbringen kann, wird er klein beigeben, Besserung geloben, aber immer als Verlierer aus dem Spiel gehen. Sie haben einen kurzfristigen Sieg errungen, den anderen aber zum Verlierer gestempelt und das kommt einer Abbuchung gleich. Selbst wenn Ihr Kollege einsichtig ist, er hat aus dieser Situation keinen Gewinn gezogen, weil er der Unterlegene war.

In den 1970er- und 1980er-Jahren wurden an der Harvard Universität verbesserte Verhandlungsmethoden wissenschaftlich untersucht und die Ergebnisse als das HARVARD-KONZEPT bekannt. Kern dieses Konzeptes ist die so genannte Win-win-Strategie oder Gewinn-Gewinn-Strategie, die davon ausgeht, dass kein Konflikt, kein Kompromiss mittelfristig auf Kosten oder unter Ausschluss einer Partei gelöst oder gefunden werden kann. Jedes gemeinsame Handeln, jede Entscheidung und jede geschäftliche Transaktion lebt davon, dass beide Seiten ihren Vorteil daraus ziehen und die Beziehung mit Freude pflegen.

Mittelfristig sollte kein Konflikt auf Kosten oder unter Ausschluss einer Partei gelöst werden

Wollten Sie den oben geschilderten Fall mit der Win-win-Strategie lösen, müssten Sie herausfinden, wie der Fehler entstanden ist. War der Kollege überlastet? Geht es ihm gesundheitlich nicht gut? Hat er private Sorgen, die ihn ablenken?

Sie müssten nachfragen, auf seine Gefühle eingehen, die eigene Betroffenheit thematisieren und den Kollegen selbst an der Entwicklung einer gemeinsamen Lösung zur Verbesserung der Situation beteiligen.

Eine dauerhafte Lösung finden, die von allen Beteiligten getragen und akzeptiert wird

Bei der Win-win-Strategie darf es nicht darum gehen, die eigene Position durchzusetzen oder falsche Kompromisse zu machen, sondern eine dauerhafte Lösung zu finden, die von allen Beteiligten getragen und akzeptiert wird. Es wird eine Situation geschaffen, in der jeder die Wahrnehmung und auch das Gefühl hat, durch diese Lösung etwas zu gewinnen und nicht zu verlieren.

Kernelement der Win-win-Verhandlung ist die sachliche Auseinandersetzung über die Inhalte und nicht über Positionen oder gar Personen.

Dies bedeutet, dass Schuldzuweisungen oder Kränkungen unbedingt zu vermeiden sind, gleichzeitig aber die Erwartungen, die Gefühle und die Befürchtungen aller Beteiligten angesprochen und berücksichtigt werden. Die Beteiligten müssen das Problem partnerschaftlich lösen und dürfen sich nicht als Gegner verstehen.

Um die Vorteile der Win-win-Strategie zu beleuchten, ist es sinnvoll, die anderen Prinzipien sowie deren Folgen und Wirkungen zu betrachten.

Das Win-lose-Prinzip entspricht den klassischen Machtvorstellungen vieler Führungskräfte

Das Win-lose-Prinzip (Gewinn-Verlust) entspricht den klassischen Machtvorstellungen vieler Führungskräfte und dem autoritären Glaubenssatz: *„Ich habe das Sagen – und du hast zu gehorchen!“* Wer so handelt, denkt nur an seinen kurzfristigen Vorteil. Er wird oft sogar zunächst bestätigt, weil er bekommt, was er will. Wer zum Verlierer gemacht wird, wird aber mittelfristig als Partner nicht mehr zur Verfügung stehen. Wenn er die Wahl hat, orientiert er sich anderweitig oder er reduziert seinen Leistungswillen.

Am plastischsten sind die Folgen des Win-lose-Prinzips im Handel aufzuzeigen. Wer aufgrund seiner Machtstellung einen Partner zu einem Geschäft zwingt oder überredet und ihm damit nachträglich das Gefühl gibt, verloren zu haben, wird als Kunde nicht wiederkommen, als Lieferant versuchen, an der Qualität der Ware seinen Gewinn zurückzuholen.

Das Lose-win-Prinzip fördert ein dauerhaft reduziertes Leistungsniveau

Das Lose-win-Prinzip entspricht der Einstellung: *„Ich verliere – du gewinnst.“* Es ist noch erfolgloser als das Win-lose-Prinzip, weil es keine Erwartungen und Anforderungen gibt. Mitarbeiter dieses Typs sind oft die Folge von Führungskräften mit Win-lose-Einstellung. Sie haben sich ergeben, gehen Konflikten aus dem Weg und laufen immer auf einem reduzierten Leistungsniveau.

Das Lose-lose-Prinzip steht für Stillstand und Pattsituationen

Das Lose-lose-Prinzip ist das erfolgloseste von allen. Es entsteht, wenn zwei Win-lose-Menschen aufeinander stoßen, jeder der Sieger bleiben will und kein Kompromiss gefunden wird. Diese Pattsituation stellt niemanden zufrieden und kann nichts bewegen. Sie ist nur aufzulösen, wenn beide ihre Einstellung ändern und eine gemeinsame Basis finden. Dieses Prinzip kann aber auch das Ergebnis zweier abhängiger Menschen sein, die sich beide als Verlierer sehen, deshalb resigniert haben und passiv bleiben. Solche Verbindungen brauchen viel Zuwendung und Einfühlungsvermögen, um sie auf die Gewinnebene zurückzuführen.

Das Modell zur Konfliktlösung von Ruble und Thomas zeigt, dass die Positionen zweier Konfliktparteien abhängig sind von ihrer Kooperationbereitschaft und ihrem Durchsetzungsvermögen. Zwang ist das Ergebnis einer Win-lose-Strategie und drückt den Wunsch aus, seine Position gegen den Widerstand anderer durchzusetzen. Vermeiden (lose-lose) bedeutet, dass der Konflikt nicht ausgetragen wird und die Situation unverändert erhalten bleibt. Nachgeben (lose-win) repräsentiert die Position, in der sich der Konflikt auflöst, aber die eigene Position aufgegeben wird. Die Kooperation ist die beste Möglichkeit für Win-win-Ergebnisse, weil hier beide Seiten ihre Position voll einbringen und ein Ergebnis erarbeiten können.

Im Schnittpunkt der vier Strategien findet sich der Kompromiss. Je nach Wahrnehmung werden Kompromisse daher vielfach unterschiedlich beurteilt, oft mit dem Gefühl verbunden, nicht das bestmögliche Ergebnis erzielt zu haben.

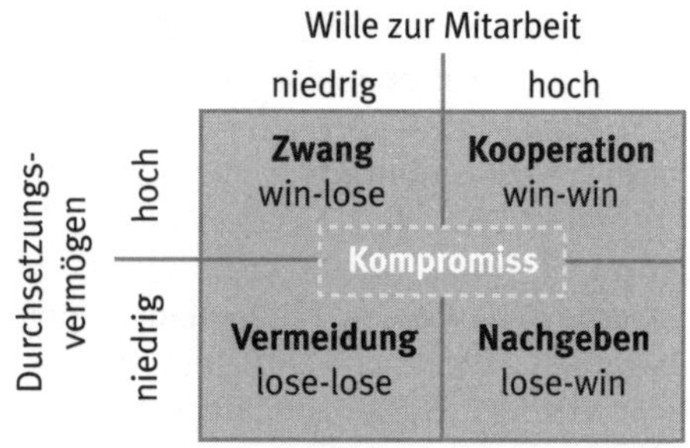

Das Win-win-Prinzip sorgt für eine positive und vertrauensvolle Arbeitsatmosphäre und damit für Leistungsbereitschaft

3.2.3 Mehr Mut zur Demut

Bleibt noch zu beschreiben, was dem Vertrauen und der Einstellung zur Empathie oft im Wege steht: Unsere Selbstbezogenheit und Egozentrik. Sie bietet viele Vorteile im Leben, sie stärkt unser Ich, ist für unseren Stolz und unseren Ehrgeiz verantwortlich, sie verschafft uns die Durchsetzungskraft, die wir als Führungskraft oft benötigen. Aber sie hat auch immer nur die eigenen großen Ziele im Fokus, ist verantwortlich für unser Misstrauen, das Statusdenken, die Selbstüberschätzung und die Gier nach mehr. Unser Ego ist selten zufrieden mit dem, was wir haben, es strebt nach Höherem. Es beflügelt unsere Fantasie, wenn wir nicht aufpassen, bis hin zum Größenwahn. In einer Atmosphäre des Egoismus und der Ich-Bezogenheit hat Empathie kaum eine Chance zu gedeihen.

In einer Atmosphäre des Egoismus und der Ich-Bezogenheit hat Empathie kaum eine Chance zu gedeihen

Aber für uns alle kommt einmal der Moment, in dem wir wieder zur Bescheidenheit finden: Eine wirtschaftliche Krise, eine persönliche Niederlage oder eine schwere Krankheit können Anlass sein, von den überzogenen Vorstellungen oder dem Drang nach Höherem abzulassen und unsere Demut neu zu entdecken.

Milan Kundera hat dies in seinem Roman *„Die unerträgliche Leichtigkeit des Seins"* am Werdegang Ludwig van Beethovens so vortrefflich beschrieben: Der große Komponist, der sein ganzes Leben lang versucht hatte, in immer monumentaleren Symphonien das perfekte Werk zu schaffen, musste schließlich einsehen, dass man in der Größe des Monumentalen nie seine Vollendung finden kann, weil das Universum unendlich ist. Taub und blind hat sich Beethoven in seinen späten Jahren nur noch mit dem Mikrokosmos der Variationen beschäftigt und im Kleinen, im Spiel mit wenigen Noten seinen Frieden gefunden.

So scheint Demut oft im Zusammenhang mit der Reife des Alters zu stehen, wenn wir erleben müssen, dass unser Glück weniger im großen Erfolg als vielmehr in der Gelassenheit und Freude am kleinen Detail zu finden ist. Wer nicht auf die persönliche Krise warten will, um seine Demut zu entwickeln, dem stehen auch andere Möglichkeiten zur Verfügung.

Viele Menschen finden Demut und Erfüllung in der Andacht und im Gebet ihrer Religion. Andere berichten von intensiven Naturerlebnissen, die sie zur Besinnung gebracht haben. Und ich kenne Menschen, die in der Monotonie der Zen-Meditation ihre Ruhe und Gelassenheit gefunden haben.

Auch in Selbsterfahrungstrainings erhält jeder die Chance zu prägenden Bewusstseinserlebnissen. Ich erinnere mich an ein Seminar, auf dem ich an einer Traumreise zur eigenen Kindheit teilnahm. In meiner Fantasie sah ich mich als kleinen Jungen am warmen Ostseestrand spielen und wurde von einem bis dahin noch nie erlebten Glücksgefühl erfüllt. Erstmals in meinem Leben fühlte ich mich völlig eins mit der Natur – mich durchströmte eine ungeahnte innere Ruhe und ein Vertrauen zu mir und meinem gottgewollten Leben.

Es sind diese einmaligen Erlebnisse, die unser Bewusstsein nachhaltig prägen. Nach solch intensiven Erfahrungen ist nichts, wie es vorher war. Da ist mehr innere Sicherheit zu spüren als zuvor, eine mentale Stärke und eine neue Art von Vertrauen in die Menschheit und unser Schicksal. Die Erinnerung lässt eine innere Sicherheit entstehen, die immer wieder abrufbar ist, auch wenn es darum geht, andere Menschen zu erspüren. Diese innere Erkenntnis der Demut schafft das Bewusstsein und die Fülle, auch die Gefühle anderer Menschen nachzuempfinden.

3.3 Toleranz und Wertschätzung

Toleranz heißt ursprünglich, fremde Überzeugungen und Handlungsweisen zu dulden, also gelten zu lassen. Heute ist damit häufig mehr gemeint, nämlich unterschiedliche Individuen und ihre Sitten als gleichberechtigt anzuerkennen. Als intolerant wird jemand bezeichnet, der neben seiner Meinung oder Weltanschauung keine andere gelten lassen will.

Die Intoleranz ist damit der grösste Feind der Empathie, denn wer andere Menschen und deren Einstellung nicht gelten lässt, will und kann sich auch nicht in diese einfühlen.

Sinn und Zweck der Toleranz ist es, die Minderheiten und Individuen einer Gemeinschaft zu schützen und ihnen gleiche Rechte zu gewähren. Insofern kommt der Toleranz in einer Organisation und im Führungsalltag eine besondere Bedeutung zu. Toleranz ist die Voraussetzung, unterschiedliche, sich ergänzende Fachkompetenzen, aber auch individuelle Persönlichkeiten in eine Organisation zu integrieren und deren Vielseitigkeit zu nutzen. Erst Toleranz macht aus einer schlichten Arbeitsgruppe ein echtes Team und ist deshalb für einen zeitgemäßen Führungsstil einfach notwendig.

Erst Toleranz macht aus einer schlichten Arbeitsgruppe ein echtes Team

Aus meiner eigenen Erfahrung als Führungskraft weiß ich, wie schwer es ist, Minderheiten und Außenseiter zu tolerieren und wertzuschätzen, ohne die Interessen der Mehrheit zu vernachlässigen.

Oft war ich in der Rolle des informellen Führers, des Vermittlers, der die Chance des ungewohnten Querdenkers oder des scheinbar Schwachen im Team gegen die Mehrheit verteidigen musste, weil die Leistungsträger nicht bereit waren, für andere in Vorleistung zu treten. Und sehr oft hat sich nachträglich bewiesen, wie bedeutend gerade der Individualist, der unangepasste Außenseiter für den Erfolg des Teams geworden war.

Als Führungskraft muss ich auch in Sachen Toleranz Vorbild sein und die Gemeinschaft von der Wertschätzung alternativer Verhaltens- und Denkweisen überzeugen. Die Gemeinschaft erhält so ungewöhnliche Impulse, es werden neue Wege aufgezeigt oder alternative Märkte erschlossen. Das ist nicht für jeden auf den ersten Blick ersichtlich. Deshalb ist Toleranz nicht nur eine Frage von Menschlichkeit, Gerechtigkeit und eines positiven Menschenbildes, sondern auch eine Frage von Wissen, Bildung und strategischer Kompetenz.

Die Grenzen der Toleranz sind erst erreicht, wenn die Gemeinschaft dauerhaft Abstriche von den eigenen Rechten erfährt. Wenn die Interessen Einzelner nicht mehr mit den Bedürfnissen der Mehrheit zu vereinbaren sind, muss ich als Führungskraft für die Gemeinschaft entscheiden.

3.3.1 Die Angst vor dem Unbekannten

Was der Toleranz in erster Linie entgegensteht, ist die Angst vor Neuem und Unbekanntem. Der Mensch ist nun mal ein Gewohnheitstier; bei allem, was er kennt und gewohnt ist, fühlt er sich sicher, alles was neu und unbekannt ist, verunsichert ihn. Etwas Neues kennen lernen, das heißt, sich auf etwas Ungewohntes einstellen, neue Erfahrungen machen, Gewohnheiten ändern. Das kostet Zeit, das verunsichert, das macht Angst. Je abhängiger und fremdbestimmter unser Leben ist, desto mehr Angst haben wir vor dem, was wir nicht kennen. Wer nicht die Erfahrung machen durfte, sein Leben selbstbestimmt zu gestalten und Selbstsicherheit zu entwickeln, der erlebt Veränderung als etwas Bedrohliches, der fürchtet sich

Je abhängiger und fremdbestimmter unser Leben ist, desto mehr Angst haben wir vor dem, was wir nicht kennen

leicht davor, dass ihm das, was er besitzt, womöglich noch streitig gemacht wird.

Wie weit das gehen kann, das haben wir im Dritten Reich gesehen, als die Nazis alle Unzufriedenheit der Gesellschaft auf das Feindbild der Juden projizieren konnten. Der Glaube, die Kultur, das Aussehen und alle negativen Charakterzüge wurden zu einem primitiven Feindbild vermischt und Millionen von Deutschen hatten die Schuldigen für alle ihre Ängste und Befürchtungen gefunden und haben sogar den Völkermord dafür in Kauf genommen.

Heute wird sich das in dieser Form nicht wiederholen, aber auch unsere heutige Gesellschaft pflegt ihre Feindbilder: Südländer sind faul, Russen sind Alkoholiker, Muslime sind Terroristen – Klischees, die viele gefährliche Verallgemeinerungen in sich tragen. Von den Klischees und Vorurteilen ist es nicht weit bis zum Verurteilen. Das ist leicht und bequem, denn solange wir Feindbilder haben, können wir von unseren eigenen Problemen ablenken und brauchen uns nicht zu verändern.

Aufklärung, Bildung und viele neue Erfahrungen helfen Vorurteile abzubauen

Was kann diese Angst vor dem Fremden abbauen und verhindern? Aufklärung, Bildung und viele neue Erfahrungen! Je mehr Wissen und Bewusstsein wir Menschen sammeln, desto weniger Angst brauchen wir vor dem Fremden zu haben und umso toleranter werden wir sein.

Das gilt nicht nur im gesellschaftlichen Umfeld, sondern auch im Unternehmen: Machen Sie so viel neue Erfahrungen wie möglich! Gehen Sie mehr Risiken ein! Lernen Sie fremde Menschen kennen! Nehmen Sie sich vor, einmal im Monat etwas Ungewohntes zu tun, was Sie bisher noch nie gemacht haben! Vielleicht etwas, wovor Sie große Angst haben? Wie fühlt sich das an? Was macht das mit Ihnen? Was verändert sich für Sie mit der neuen Erfahrung?

3.3.2 Sinn und Unsinn von Vorurteilen

Seit unserer Kindheit sammeln wir täglich unzählige Erfahrungen, die sich im Laufe unseres Lebens in unserem Unterbewusstsein zu einem ganz individuellen Weltbild aus Millionen von großen und kleinen Puzzleteilchen zusammensetzen. Auf der Basis dieser Summe an Erfahrungen, Erinnerungen und Gefühlen bilden wir unsere ganz subjektive Realität und jeder von uns hat seine eigene Realität, weil er andere Erfahrungen gemacht hat als der Mensch von nebenan.

Dank dieser Erinnerungsbilder können wir die Mehrzahl unserer Entscheidungen ganz intuitiv treffen, ohne darüber nachzudenken, denn wir haben für viele Situationen und Konstellationen bereits eine Meinung parat, die sich in vergleichbaren Momenten bereits bewährt hat: Wir leben und handeln auf der Basis unzähliger Vorurteile und das meist sehr erfolgreich. Würden wir unseren Vorurteilen nicht vertrauen, kämen wir nicht mehr zum Handeln, weil wir jeden Schritt, jedes Verhalten, jede Entscheidung erst hinterfragen, prüfen und analysieren müssten.

Vorurteile helfen uns im Alltag handlungsfähig zu bleiben

Vorurteile sind stark mit positiven oder negativen Gefühlen verknüpft, sie lenken unser Tun und nehmen uns einfach die Entscheidung ab. Ob beim Kauf eines Kleidungsstückes, der Auswahl eines Buches oder der Frage, ob ich einem fremden Menschen vertrauen kann, Vorurteile weisen uns den Weg und sorgen dafür, dass wir nicht von bewährten Pfaden abkommen.

Aber das Wort selbst beschreibt ja schon das Problem: Ein Vor-Urteil ist ein vorab gefälltes Urteil, also eine Wertung, die getroffen wurde, bevor eine Sache oder eine Person in ihrem ganzen Wesen reflektiert oder gewürdigt werden konnte. Diese unreflektierte Wertung ist eben nur dann zweckdienlich, wenn eine schnelle Entscheidung und ein schnelles Handeln geboten ist.

Die unreflektierte Wertung von Vorurteilen ist nur dann zweckdienlich, wenn schnelles Handeln geboten ist

Geht es aber um das Beurteilen so komplexer Systeme, wie der Mensch eines darstellt, sind Vorurteile nur in Notfällen hilfreich.

Dazu ein kleines Beispiel: Sie haben nachts auf einer einsamen Straße eine Autopanne und benötigen Hilfe. Ein Auto hält, um Sie mitzunehmen. Der Mann am Steuer ist Ihnen aber unheimlich, Sie haben nur wenige Sekunden Zeit, um Ihr Vorurteil zu hinterfragen. Wenn sein Verhalten in diesen Sekunden Ihre negative Vorverurteilung nicht entkräften kann, steigen Sie nicht in das Auto ein.

Ein andere Situation: Eine Ihnen suspekte Person bewirbt sich um eine Stelle in Ihrem Team und hat die idealen fachlichen Voraussetzungen. Wenn Sie den Mann nicht einstellen, nur weil er Ihnen unsympathisch ist, so haben Sie sich unnötigerweise Ihrem Vorurteil ergeben und eine Chance verpasst,

Unreflektiert hingenommene Vorurteile können Chancen verbauen

dieses zu revidieren und dem Wesen des Mannes auf den Grund zu gehen. In diesem Fall sollten Sie sich die Zeit nehmen und vielleicht stoßen Sie dabei auf Wesenszüge, die Ihrem Team noch fehlen und dieses Ihnen bisher noch Unbekannte war der Auslöser Ihrer Vorverurteilung.

Und selbst wenn sich Ihr Vorurteil bei genauerem Hinsehen als begründet erweisen sollte, sind die Nachfragen zu Ihrem Vorteil, denn die zusätzliche Erfahrung hat Ihre Intuition gestärkt und macht Sie sicherer und bewusster im Umgang mit Ihren Mitmenschen.

Und Sie haben dem anderen Menschen eine faire Chance gegeben, denn Sie sind trotz Ihrer Vorbehalte in Beziehung getreten.

Wenn es um die Beziehung zu Menschen geht, ist es immer eine sinnvolle Investition, sich Zeit zu nehmen und hinzufühlen. Als Führungskraft ist es eine Ihrer wichtigsten Aufgaben, Ihre Mitarbeiter zu verstehen und deren Wesen zu erkennen. Jeder Mensch ist das Produkt seiner Erfahrungen. Das, was uns an anderen Menschen irritiert oder abstößt, kann für diese eine erfolgreiche Überlebensstrategie sein, die sie aufgrund ihrer Geschichte entwickeln mussten.

Im Umgang mit uns fremden Menschen nie die Schuld für Irritationen beim anderen suchen, sondern die Differenzen hinterfragen

Deshalb sollten wir im Umgang mit uns fremden Menschen nie die Schuld für Irritationen beim anderen suchen, sondern die Differenzen hinterfragen:

- Was stört mich konkret am anderen und warum?
- Welche Probleme fürchte ich mit diesem Menschen?
- Was sind die Ursachen für seine Eigenarten?
- Was in seiner Biografie gibt mir Aufschluss darüber?
- Welche kritischen Verhaltensmuster kann ich erkennen?
- Welche nützlichen Qualitäten kann ich daraus ableiten?

3.3.3 Empathie und Gewaltfreiheit

Ein besonders überzeugender Nachweis für die Kraft und die Möglichkeiten angewandter Empathie sind die Grundlagen der gewaltfreien Kommunikation nach Marshall B. Rosenberg. Die gewaltfreie Kommunikation hat sich zum Ziel gesetzt, auf der Basis von Verständnis und Akzeptanz gegensätzlicher Meinungen eine aggressionsfreie Kommunikation zu entwickeln, die es uns ermöglicht, unsere Bedürfnisse durchzusetzen, ohne dabei den anderen als Gegner oder Feind zu behandeln.

Die vier wichtigsten Ziele der aggressionsfreien Kommunikation

Die vier wichtigsten Ziele der aggressionsfreien Kommunikation sind:
- befriedigende Beziehung aufbauen und pflegen,
- die eigenen Bedürfnisse befriedigen, ohne anderen Gewalt anzutun,
- schmerzliche Kommunikation verbessern beziehungsweise verhindern,
- Konflikte lösen oder untereinander verständlich machen.

Rosenberg hat eine sehr wirkungsvolle Kommunikationstechnik entwickelt, mit deren Anwendung wir uns in Kapitel 4.2.4 noch intensiver beschäftigen werden. Diese Technik zieht ihre Wirkung aber aus einem besonders positiven und toleranten Menschenbild.

Deshalb ist es von tragender Bedeutung, die Philosophie der gewaltfreien Kommunikation zunächst einmal zu verinnerlichen, denn sie verbindet die Grundelemente der Empathie in einem Weltbild. Die wichtigsten Thesen lauten:

Die Thesen der gewaltfreien Kommunikation

- Jeder Mensch möchte seine Bedürfnisse befriedigt bekommen. Jedes Bedürfnis ist Motivation für unser Handeln. Da jedes Bedürfnis unserem Leben dient, gibt es keine negativen Bedürfnisse.
- Alle Menschen sehnen sich nach Mitgefühl und Wertschätzung, auch wenn sie es auf verschiedene oder uns irritierende Weise zu äußern versuchen.
- Wir tun anderen Menschen etwas Gutes, weil wir an guten und befriedigenden Beziehungen interessiert sind.
- Wir leben in befriedigenden Beziehungen, wenn wir diese Bedürfnisse durch Kooperation statt durch aggressives Verhalten erfüllen.
- Hinter jedem aggressiven Verhalten steckt ein unbefriedigtes Bedürfnis. Insofern ist jede Aggression ein missglückter Versuch, ein – in diesem Moment nicht bewusstes – Bedürfnis auszudrücken.
- Jede Art von Aggression, die wir an uns oder anderen beobachten, ist immer ein Anlass, nach dem dahinter liegenden Bedürfnis zu fragen.
- Menschen sind soziale Wesen und in vielen ihrer Bedürfnisse voneinander abhängig.

Aggression als Ausdruck einer unbewussten Bedürftigkeit, die man mit Verständnis, Toleranz und einer empathischen Sprache auflösen kann

Die Philosophie der gewaltfreien Kommunikation versteht jede Form von Aggression als Ausdruck einer unbewussten Bedürftigkeit, die man mit Verständnis, Toleranz und einer empathischen Sprache auflösen kann. Die Aggression drückt sich nicht nur in einem gereizten oder streitlustigen Verhalten und der entsprechenden Sprache aus. Sie spiegelt sich auch in einer wenig wertschätzenden Einstellung wider. Wer lernen möchte, gewaltfrei zu kommunizieren, der muss zunächst einmal diese seine Einstellung überprüfen und korrigieren.

„Teufelsprache" und „Engelssprache"

Dazu bieten die Metaphern von „Teufelsprache" und „Engelssprache" sehr plakative Gelegenheiten. Mithilfe der folgenden Gegenüberstellung können Sie erkennen, zu welchem Verhalten bzw. zu welcher Sprache Sie im Alltag tendieren.

DER TEUFEL ...			DER ENGEL ...
fühlt sich immer im Recht.	❑	❑	respektiert die Bedürfnisse anderer.
achtet auf Regeln und Normen und nicht auf die Gefühle anderer.	❑	❑	achtet die Gefühle anderer und versucht, deren Bedürfnisse herauszufinden.
bewirkt, dass der andere sich schlecht fühlt.	❑	❑	verbessert und entwickelt die Beziehung.
greift die Person an: *„Das hast du falsch gemacht!"*	❑	❑	kritisiert an der Sache: *„Das Ergebnis stellt mich noch nicht zufrieden."*
fordert: *„Du musst das machen."*	❑	❑	bittet und wünscht, statt zu fordern.
wertet: *„Das macht XY besser."*	❑	❑	trennt Beobachtung und Wertung.
generalisiert: *„Alles ist falsch."*	❑	❑	bleibt immer am konkreten Detail.
droht: *„Wenn du nicht ..., dann ..."*	❑	❑	bringt seine Gefühle zum Ausdruck.
beschuldigt: *„Du hast Schuld."*	❑	❑	sucht nach Lösungen.

Wenn wir ehrlich zu uns selbst sind, müssen wir zugeben, dass wir im Alltag sehr oft zur Sprache und zum Verhalten des Teufels tendieren, ohne dass uns dabei bewusst werden muss, was wir bei unserem Gegenüber damit auslösen.

Bedenken Sie, dass Sie immer, wenn Sie zur Ausdrucksweise des Teufels tendieren, damit eine Abbuchung auf dem Beziehungskonto Ihres jeweiligen Ansprechpartners vornehmen.

Die Engelssprache dagegen ist Ausdruck von Toleranz und Wertschätzung, ohne dass Sie übertriebene Rücksicht auf Ihre Mitmenschen nehmen müssen.

Die gewaltfreie Kommunikation ist kein Streichelkurs, sondern ein machtvolles Instrument, seinen Willen durchzusetzen. Sie versucht nie, den Gegner anzugreifen, zu bewerten oder kleinzumachen, sondern sie verteidigt sich gegen aggressive Ausdrucksweisen eines potenziellen Partners. Es sind immer diese feinen Unterschiede einer empathischen Einstellung, die so viel bewegen können.

TEIL 4 MIT EMOTIONEN LENKEN

Wenn Du ein Schiff bauen willst, so trommle nicht Männer zusammen, um Holz zu beschaffen, Werkzeuge vorzubereiten, Aufgaben zu vergeben und die Arbeit einzuteilen, sondern lehre die Männer die Sehnsucht nach dem weiten endlosen Meer.

Antoine de Saint-Exupéry

Die deutschen Arbeitnehmer gehören zu den unzufriedensten der Welt

Jedes Jahr veröffentlicht das Marktforschungsinstitut Gallup die Ergebnisse einer Umfrage unter den Arbeitnehmern der wichtigsten Industriestaaten zu deren Arbeitseinstellung. Mit erschreckender Konstanz gehören die deutschen Arbeitnehmer zu den unzufriedensten der Welt (2008):

- Nur 13 Prozent gehen gern zur Arbeit
- 67 Prozent machen nur Dienst nach Vorschrift
- 20 Prozent haben innerlich gekündigt
- Die Mehrheit der Befragten sieht keine besondere Verpflichtung dem Arbeitgeber gegenüber (vgl. Kap. 1.6).

So pessimistisch diese Zahlen erscheinen, so kommen sie meinen Beobachtungen zufolge der Wahrheit recht nahe. Auf den Märkten wächst der Konkurrenzdruck, die Rationalisierungsmaßnahmen und Unternehmenskonzentrationen nehmen zu und die Organisationen mutieren zu unüberschaubaren Konstrukten. Immer mehr Arbeitnehmer fürchten um ihren Arbeitsplatz und fühlen sich in den Unternehmen nicht mehr sicher. Die verantwortlichen Führungskräfte nehmen sich selten die Zeit, ihre Mitarbeiter mitzunehmen.

Aber die Statistik besagt auch, dass es anders geht, denn trotz dieser Verhältnisse haben 13 Prozent noch Freude an ihrer Arbeit. In fast allen Organisationen finden wir Abteilungen und Teams, in denen die Mitarbeiter motiviert sind. Hier ist die Stimmung besser und es herrscht eine konstruktive Einstellung. Hier hat man Spaß an der Leistung. Hier werden auch härtere Arbeitsbedingungen als Herausforderung gesehen und angenommen. Nun liegt die Vermutung nahe, dass da, wo gerne gearbeitet wird, die angenehmere Arbeit verrichtet wird, mehr Geld verdient wird, die besseren wirtschaftlichen Perspektiven herrschen oder einfach die sympathischeren Kolleginnen und Kollegen sitzen. In solcher Situation würden wir uns idealerweise alle wohlfühlen.

Sicher spielen diese Rahmenbedingungen in einigen Fällen eine wichtige Rolle. Trotzdem erklären sie nicht, warum in gänzlich vergleichbaren Abteilungen oder Teams völlig unterschiedliche Stimmungen vorzufinden sind. Dort, wo im gleichen Unternehmen das eine Team Top-Leistungen bringt, herrscht im nächsten Team Frust, schlechte Laune und eine hohe Fluktuation. Das ist kein Zufall.

In zahlreichen Stimmungsanalysen konnten wir nachweisen, dass die Hauptursache für schlechte Arbeitseinstellung, mangelnde Kommunikation und häufige Kündigungen in den mangelnden emotionalen Qualitäten der Führungskraft zu suchen sind (vgl. Kap. 1.7).

DESHALB BIN ICH DAVON ÜBERZEUGT, DASS DIE HAUPTURSACHE FÜR UNSERE SCHLECHTE ARBEITSSTIMMUNG IN DER UNZUREICHENDEN EMOTIONALEN KOMPETENZ DEUTSCHER MANAGER LIEGT.

Als traditionelle Nation von Pflichtbewusstsein und Zuverlässigkeit haben Werte von „Zucht und Ordnung" in deutschen Organisationen noch einen höheren Stellenwert als Identität und Vertrauen. In der Regel wird nicht der sozialkompetente Mitarbeiter, sondern der fachkompetente und *konkurrenzbewusste* zum Vorgesetzten bestimmt. Dort wird er in einem Schnellkursus mit so genannten Führungstechniken vertraut gemacht und dann auf seine Mitarbeiter losgelassen.

Nicht die Sozialkompetenz, sondern die Fachkompetenz entscheidet darüber, wer Vorgesetzter wird

Die wenigsten Manager sind sich ihrer persönlichen Defizite im Umgang mit ihren Mitarbeitern im Klaren. Die Mehrzahl ist in ihrer Führungsrolle schlicht überfordert. Sie geben den Druck, der auf ihnen lastet, einfach weiter oder glänzen mit indifferentem Verhalten. Oft fehlt es ihnen an Ehrlichkeit, Klarheit oder Menschlichkeit. Sie scheuen die Auseinandersetzung, drücken sich um Gespräche, können keine Anerkennung geben oder verspielen sich mit Arroganz jedes Vertrauen. Entsprechend schlecht fallen die Beurteilungen ihrer Mitarbeiter aus.

Dabei wollen die meisten Arbeitnehmer nur als Menschen verstanden und mit Respekt behandelt werden. Daniel Goleman schreibt in seinem Buch *„Emotionale Führung"* (Gole-

Positive Gefühle in den Menschen zu wecken als wichtigste Führungsverantwortung

man, 2003), die wichtigste Führungsverantwortung sei es, positive Gefühle in den Menschen zu wecken.

Diese Gefühle entstehen aber nur, wenn die Führungskraft aus einer inneren Sicherheit heraus in der Lage ist, Leidenschaft und Begeisterung auf die Mitarbeiter zu übertragen. Das heißt, sie ist gefordert, sowohl auf die aktuelle Situation als auch auf den individuellen Charakter des Kollegen sensibel und flexibel einzugehen. Es erfordert eine Vielzahl emotionaler und sozialer Kompetenzen, um diese verschiedenen Rollen situationsbezogen und variabel auszufüllen:

Kompetenzen situativer, emotionaler Führungsstile

- Die FÄHIGKEIT, UNTERSCHIEDLICHE MENSCHEN ZU EINEM TEAM ZUSAMMENZUFÜHREN, sie zu entwickeln und sie im demokratischen Konsens dazu zu bewegen, sich für die Gemeinschaft einzubringen und zu engagieren.
- Eine GEFÜHLSORIENTIERTE KOMMUNIKATION, um mit Mitarbeitern in Beziehung zu treten und sie zu motivieren.
- Eine BERATENDE KOMPETENZ, um Mitarbeiter zu fördern und mit den Unternehmenszielen in Einklang zu bringen.
- Eine FORDERNDE EINSTELLUNG, um die Teamleistung zu steigern und höhere Ziele zu erreichen.
- Eine SELBSTBEWUSSTE ENTSCHEIDUNGSKOMPETENZ, um in Notsituationen für Klarheit und Sicherheit zu sorgen.
- Ein VORBILDLICHES, VISIONÄRES AUFTRETEN, wenn es gilt, das Team für neue Ziele zu begeistern.

Die Manager, die mehrere dieser Fassetten zu leben verstehen, erhalten von den meisten Untergebenen auch gute Beurteilungen. Keiner kann auf allen Gebieten perfekt sein, denn dazu bedarf es eines nahezu erleuchteten Charakters. Aber wir können belegen, dass die Führungskräfte, die sich bemühen, den unterschiedlichen Führungsrollen gerecht zu werden, von ihren Mitarbeitern auch den notwendigen Respekt und die entsprechende Anerkennung erhalten.

Die Führungskräfte dagegen, die glauben, über autoritäres Verhalten und entsprechende Repressalien die Gefolgschaft der Arbeitnehmer erzwingen zu können, werden sich eingestehen müssen, dass sie auf diesem Wege nur die Angst ihrer Mitarbeiter schüren, aber nicht deren Respekt gewinnen können. Wer auf die Angst seiner Mitmenschen baut, kann nicht deren Herzen erreichen und wird nie die Leistung erhalten, die möglich wäre. Was wir benötigen, sind Manager die sich selbstkritisch engagieren und ihre eigene emotionale Entwicklung über ihre wirtschaftliche Karriere stellen. Ein guter Manager ist ein Manager, der anderen als Vorbild dienen kann. Er versteht es, mit seinen eigenen Emotionen umzugehen und weiß auf die Emotionen anderer konstruktiv einzugehen.

Manager sollten ihre emotionale Entwicklung über ihre wirtschaftliche Karriere stellen

In den folgenden Kapiteln finden Sie die wichtigsten Ansätze, Menschen und Mitarbeiter über Emotionen erfolgreich zu bewegen und zu lenken.

4.1 Die Führungskraft als demokratischer Teamplayer

Wollen Sie wissen, was mich am Fußball so fasziniert? Es ist die Tatsache, dass nirgendwo sonst die Vorteile und Chancen von Teamarbeit sich deutlicher abzeichnen als während der 90 Minuten eines Fußballspiels. Ein gutes Spiel zeichnet sich aus durch

Fußball ist ein Paradebeispiel für die Vorteile und Chancen von Teamarbeit

- die spielerische Zusammenarbeit unterschiedlicher Persönlichkeiten in einer hocheffizienten Arbeitsteilung,
- die lebendige Kombination von intuitiver Kreativität und hemmungslosem Leistungswillen ohne komplizierte Absprachen und Planung,
- das fließende Geben und Nehmen eines bedingungslosen Engagements jedes Einzelnen für die gemeinsame Aufgabe,
- die Chance zu einer fast unerklärlichen Leistungssteigerung durch das Gemeinschaftsgefühl eines funktionierenden Teams.

Fußball ist schon durch die technischen Fähigkeiten der Profis ein beeindruckender Sport. Aber erst, wenn aus elf Spielern ein Team wird, wird ein wirklich gutes Fußballspiel daraus. Einige wohlhabende Vereine kaufen die besten und teuersten Spieler der Welt ein, aber das ist keine Garantie für den Erfolg. Ganz im Gegenteil. Es scheint weit schwieriger zu sein, aus elf Fußballstars ein Team zu formen, weil diese erfolgreichen Profis sich nicht einzuordnen verstehen, sondern eine Sonderrolle spielen wollen, die ihrer Bezahlung entspricht. Die individuelle Stärke scheint dem Teamgedanken zu widersprechen oder ihn zumindest zu stören.

Fußballvereine mit weit geringerem Budget gelingt es dagegen immer wieder, mit jungen, begabten Spielern engagierte Teams zusammenzustellen, die von einem unerschütterlichen Mannschaftsgeist getragen werden und gelegentlich die großen Mannschaften mit unbändigem Spielwitz in ihre Schranken weisen. Diese Nachwuchsspieler sind noch in ihrer individuellen Entwicklung, dafür sind sie aber auch bereit, sich in eine Gemeinschaft zu integrieren. Sie scheinen begeisterungsfähiger für die gemeinschaftlichen Ziele zu sein und sind noch frei von Egozentrik und Statusdenken.

Wo Egozentrik und Machtinteressen vorherrschen, kann man Teamfähigkeit mit der Lupe suchen

Im Beruf gelten ganz ähnliche Regeln. Da, wo Egozentrik und Machtinteressen vorherrschen, kann man Teamfähigkeit mit der Lupe suchen. Ein Team lebt von der Gleichheit seiner Mitglieder. Das heißt, jeder, der eine Vorbildrolle innehat, hat sie den gemeinsamen Zielen unterzuordnen, jedes schwächere Teammitglied spürt den Druck, das Niveau des Teams halten zu müssen. Alle Profilierungsversuche stören nur den Gemeinschaftssinn, das gilt nicht nur für die Mitarbeiter, sondern auch für die Vorgesetzten.

Ein Team ist eine Symbiose von Gleichgesinnten, die einer ständigen Dynamik unterliegt

Ein Team ist eine Symbiose von Gleichgesinnten, die einer ständigen Dynamik unterliegt. Alle sind auf der Suche nach dem Idealzustand, der aber nur zeitweise erreicht werden kann, weil dafür zu viele Variablen im Spiel sind.

Für eine Führungskraft ist es eine ständige Herausforderung, die individuelle Vielfalt der Mitarbeiter emotional zu erreichen und von den gemeinsamen Zielen zu begeistern. Dazu braucht es eine Vielzahl emotionaler Kompetenzen:

Kompetenzen der demokratischen Führungskraft

- Menschenkenntnis und Personalverstand bei der Auswahl und Zusammenstellung der Mitarbeiter.
- Integrationsfähigkeit, um unterschiedliche Charaktere zu binden und den Gemeinschaftssinn zu fördern.
- Begeisterungsfähigkeit, um die unterschiedlichen Teammitglieder von den gemeinsamen Zielen zu überzeugen.
- Demokratieverständnis und Konsensfähigkeit, denn ein Team braucht für sein Selbstverständnis das Gefühl, mitwirken zu können. Als Führungskraft sind Sie eher in der Rolle des Moderators, als in der des autoritären Vorgesetzten. Sie führen weniger durch Ihre Macht, als vielmehr durch Ihre Methodenkompetenz.

4.1.1 Den richtigen Menschen am richtigen Platz

Auch wenn wir noch so vielseitig sind, bestimmte Arbeiten liegen uns mehr als andere. Da, wo wir am besten sind, sind wir auch am produktivsten. Bei der Aufstellung eines Teams kommt es deshalb darauf an, die entscheidenden Positionen mit den richtigen „Spielern" zu besetzen. Ein Stürmer wird kein guter Verteidiger und ein Verteidiger schießt selten Tore. Das liegt nicht nur an den technischen Fähigkeiten der Profis, sondern vor allem an deren Wesen, ihren körperlichen und psychischen Eigenschaften.

Die entscheidenden Positionen mit den richtigen „Spielern" besetzen

Auf unsere Arbeitswelt übertragen, können wir das Gleiche beobachten. Neben der fachlichen Qualifikation fordern viele Berufe ganz spezielle charakterliche Eigenschaften, um die spezifischen Aufgaben so effizient und erfolgreich wie möglich auszuführen. So sollte ein Verkäufer ein kommunikativer und kontaktfreudiger Mensch sein, ein Programmierer dagegen muss eher introvertiert und detailverliebt sein, um in seinem Beruf erfolgreich arbeiten zu können. Zum Teil suchen wir uns die Berufe aus, die unserem Charakter entsprechen. Darüber hinaus müssen wir in den ersten Berufsjahren auch die notwendigen Eigenschaften weiterentwickeln, um in dem Beruf konkurrenzfähig zu sein.

Bei der Zusammensetzung eines Teams ist es sinnvoll, möglichst viele unterschiedliche Charaktere zusammenzubringen, die sich in ihrem Wesen ergänzen. Durch ein möglichst breites Spektrum an Persönlichkeiten stehen weit mehr Ressourcen und Arbeitspräferenzen zur Verfügung, als wenn das Team nur aus gleich Veranlagten bestehen würde.

Möglichst viele unterschiedliche Charaktere zusammenbringen, die sich in ihrem Wesen ergänzen

In der Praxis sind aber viele Teams mit ähnlichen Charakteren besetzt, weil Personalentscheidungen nach Sympathie getroffen werden und nicht nach den charakterlichen Anforderungen.

Wer beim Aufbau eines Teams nur nach seinem spontanen Gefühl entscheidet, steht in der Gefahr, Mitarbeiter auszuwählen, die seinem eigenen Wesen entsprechen. Das kann für eine reibungslose und harmonische Zusammenarbeit sinnvoll sein, es wird aber in der Vielfalt der Dynamik, der Kreativität, der Organisation oder der Qualitätssicherung zu Leistungsdefiziten kommen. In der Personalauswahl sollte eine Führungskraft sich also nicht nur auf ihr Gefühl verlassen, es sei denn, sie hat ihre Empathie und ihre Neugier schon so weit entwickelt, dass sie genau spürt, welche Kandidatin oder welcher Kandidat die passenden Eigenschaften mitbringt.

Eine Potenzialanalyse bildet auch die emotionalen Kompetenzen des Bewerbers ab

Für eine professionelle Auswahl der Mitarbeiter ist es sinnvoll, eine Potenzialanalyse zu erstellen, die auch die emotionalen Kompetenzen des Bewerbers abbildet. Wer die entsprechenden Kosten scheut, dem stehen eine Vielzahl von Persönlichkeitsmodellen zur Verfügung, mit deren Hilfe man sich ein Bild machen kann. Das bekannteste Modell ist das DISG®-PERSÖNLICHKEITSPROFIL, das die vier Charaktere **d**ominant, **i**nitiativ, **s**tetig und **g**ewissenhaft unterscheidet. Wem diese Unterteilung zu oberflächlich ist, dem bietet das TEAM MANAGEMENT SYSTEM (TMS) nach Margerison und McCann oder das Modell der Teamrollen von Meredith Belbin mit acht bzw. neun Typen eine differenziertere Analyse.

Das Bioenergetik-Modell von Alexander Lowen bietet durch die Körperanalyse und die psychologischen Hintergründe zusätzliche Informationen

Ich persönlich habe das BIOENERGETIK-MODELL von Alexander Lowen schätzen gelernt, das durch die Körperanalyse und die psychologischen Hintergründe zusätzliche Informationen bietet und so mögliche Fehlinterpretationen verhindert. Wir unterscheiden dabei fünf Körpertypen und nennen sie Analytiker, Kommunikator, Entscheider, Verlässlicher und Erfolgreicher. Alle Charaktere haben aufgrund ihrer Geschichte besondere Fähigkeiten entwickelt, bringen aber auch innere Konflikte mit, die es als Führungskraft zu erkennen gilt. Das Wissen um die Stärken und die Konfliktpotenziale gibt mir die Möglichkeit, die jeweilige Person optimal einzusetzen, sie andererseits aber auch zu unterstützen, wo ich die Schwachpunkte erkenne (siehe auch Kap. 4.3.2).

Mit etwas Erfahrung im Umgang mit Modell und Mitarbeitern bekommen Sie ein Gespür für das Wesen des anderen. Sie können die Ansprache und den Umgang der jeweiligen Person anpassen und so die gesamte Kommunikation erfolgreicher und zielorientierter gestalten. In der Personalauswahl bekommen Sie mehr Bewusstsein für den Menschen an sich. Sie erkennen, wie weit der Bewerber die vorhandene Lücke im Team füllen kann, oder was ihm noch dazu fehlt.

Oft helfen schon wenige Positionswechsel, um die Leistungsfähigkeit eines Teams zu erhöhen

Auch bestehende Teams können Sie mithilfe des Modells leichter analysieren, bei Bedarf umstrukturieren und – wenn nötig – durch fehlende Kompetenzen ergänzen. Oft helfen schon wenige Positionswechsel, um die Leistungsfähigkeit eines Teams zu erhöhen. Der Mitarbeiter, der seine neue Rolle akzeptiert und bisher schlummernde Fähigkeiten entfalten kann, wird sich wohler fühlen als zuvor und den „Spielverlauf" im Team positiv beeinflussen.

4.1.2 Die Führungskraft als Dompteur der Emotionen

Auch wenn die Besetzung eines Teams mit unterschiedlichen Typen für das Kompetenzspektrum von hoher Bedeutung ist, so bringt sie zwangsläufig Probleme mit sich, die für jede Führungskraft eine Herausforderung sind: Unterschiedliche Persönlichkeiten bringen auch widersprüchliche Ansichten und Einstellungen mit. Mit ihnen wächst das Konfliktpotenzial in der Gruppe enorm. Haben Sie ein buntes und vielseitiges Team zusammen, so haben Sie als Führungskraft auch verstärkt die Aufgabe, Konflikte zu schlichten und für eine konstruktive Arbeitsatmosphäre zu sorgen.

Je heterogener und leistungsfähiger das Team, desto höher das Konfliktpotenzial

Die erfolgreichsten Teams, die ich in meiner Zeit als Führungskraft leitete, waren mit so unterschiedlichen Personen besetzt, dass eine latente kreative Gereiztheit herrschte, die es zu bändigen galt. Manchmal fühlte ich mich wie ein Dompteur, der mit Raubkatzen, Bären und Huftieren eine gemeinsame Zirkusnummer probte. Meine Aufgabe bestand zum überwiegenden Teil darin, für gute Stimmung und gegenseitige Toleranz zu sorgen. Solange mir das gelang, entwickelte sich aus den Widersprüchlichkeiten eine enorme Leistungsbereitschaft und Dynamik. Jeder übernahm die Verantwortung für seine Kompetenzen und war stolz darauf, den anderen hier voraus zu sein. Es entstand ein permanenter Wettbewerb um den Einfluss an der gemeinsamen Idee. Alles, was wir anpackten, wurde zum Erfolg und der half uns wiederum, die latenten Konflikte im Zaum zu halten.

Ein Beispiel

Ich erinnere mich an eine Situation, in der sich zwei Mitarbeiter meines Teams regelmäßig in der Wolle hatten. Fast täglich kam es zu lauten Auseinandersetzungen zwischen beiden, in denen es um die mangelnde Koordination ihrer Arbeitsabläufe ging.

Obwohl ich sie schon mehrfach ermahnt hatte, waren die beiden nicht in der Lage, ihren Konflikt allein zu lösen. Die schlechte Stimmung wirkte sich langsam auf das gesamte Team aus. Um die Arbeitsleistung nicht zu gefährden, mussten wir uns mit dem Thema intensiver auseinandersetzen.

Im gemeinsamen Gespräch wurden die gegenseitigen Vorwürfe deutlich: Der eine fühlte sich vom anderen kontrolliert und in seiner kreativen Arbeitsweise behindert. Der andere beschwerte sich, dass Absprachen und Ordnungsprinzipien nicht eingehalten und so ein reibungsloses Zusammenarbeiten erschwert bzw. unmöglich wurde. Als Beispiel führte er den Fall auf, dass sein kreativer Kollege den von ihm erstellten Dateien dadaistische Dateinamen gab, die er selbst dann nicht identifizieren und zuordnen konnte. So kam es zu Fehlzeiten, weil er vergebens nach Daten suchen musste.

Mir wurde schnell klar, es würde nicht ausreichen, Ermahnungen auszusprechen oder verschärfte Anweisungen durchzusetzen. Hier war notwendig, der Sache auf den Grund zu gehen und in die Einstellung und Teamfähigkeit der Mitarbeiter zu investieren. Kurzerhand improvisierte ich einen Workshop für das gesamte Team. Neben einigen gruppendynamischen Spielen zur Entwicklung des Veranwortungsbewusstseins analysierte ich auch die individuellen Werte-Einstellungen jedes Teammitgliedes, um sie miteinander zu vergleichen. In der Gegenüberstellung fiel es allen wie Schuppen von den Augen: Unser kreativer Kollege hatte dem Wert „Freude“ erste Priorität gegeben, während „Sicherheit“ an vorletzter Stelle stand. Der Sohn wohlhabender Eltern und empfand die notwendige Anpassung an seine Kollegen als eine Beschneidung seiner Grundwerte.

Sein ordnungsliebender Kollege dagegen hatte „Sicherheit“ auf Platz 1 gewählt und „Freude“ stand für ihn auf Platz 16 oder 17. Er war verheiratet und hatte zwei kleine Kinder. In jüngster Vergangenheit war ihm zweimal kurz hintereinander in der Probezeit gekündigt worden. Er empfand das Verhalten seines Kollegen als einen Angriff auf sein Sicherheitsbedürfnis. Für den Wunsch nach Spaß hatte er wenig Verständnis.

Aus den unterschiedlichen Historien beider Mitarbeiter wurde für alle die konträre Einstellung und die gegensätzliche Bewertung ihres Handelns verständlich. Aus der Einsicht unseres Kreativen in die Notwendigkeit von Ordnungsprinzipien konnte unser verlässlicher Mitarbeiter die Sicherheit gewinnen, seinem Kollegen mehr kreativen Freiraum zu lassen. Beide waren nun in der Lage, die Verletztheit des anderen nachzuvollziehen, erkannten dahinter aber auch die wertvollen Qualitäten für das gemeinsame Arbeiten.

An diesem Fall wurde mir bewusst, wie unterschiedlich wir Menschen doch sind und welche Bedeutung unsere emotionalen Werte für unser Handeln besitzen. Um Mitarbeiter in ein Team zu integrieren, genügt es nicht, sie auf der sachlichen Ebene anzusprechen. Ich muss versuchen, sie auf der emotionalen Ebene zu erreichen. Das heißt, ich muss die unterschiedlichen Wertvorstellungen erkennen und hier an der Einstellung der Mitarbeiter ansetzen. Fünf wichtige Entwicklungsschritte konnte ich dabei beobachten:

Um Mitarbeiter in ein Team zu integrieren, genügt es nicht, sie auf der sachlichen Ebene anzusprechen

Individuelle Wertvorstellungen in ein handlungsfähiges Team integrieren

- Selbsterkenntnis: Die Erkenntnis der eigenen Bedürfnisse und Werte gibt den Mitarbeitern Verständnis für ihre eigenen Emotionen. Die Faustregel: Wut und Enttäuschung sind ein Zeichen, dass Grundwerte verletzt wurden.
- Verstehen: Die Einsicht, dass mein Mitarbeiter andere Erfahrungen und ein anderes Weltbild hat als ich, lässt mich verstehen, dass er nach anderen Bedürfnissen und Werten lebt und sich demgemäß auch anders verhält.
- Neubewerten: Das Bewusstsein, dass ein irritierendes Verhalten meines Mitarbeiters kein Angriff auf meine Person, sondern logische Folge seiner persönlichen Geschichte ist, ermöglicht mir eine tolerante Neubewertung des mir fremden Verhaltens.
- Kooperieren: Erst aus der gewonnenen Toleranz heraus kann ich ehrlich auf den anderen zugehen und mein Handeln auf meinen Kollegen einstellen.
- Sich entwickeln: Das bewusste Handeln schafft für alle Beteiligten konstruktive Erfahrungen, die zu persönlichem Wachstum führen: Ich erkenne, dass meine Ängste vor Werteverletzung unberechtigt sind, kann eventuell überzogene Vorstellungen (Freude oder Sicherheit) relativieren und kompetenter mit meinen Kollegen umgehen.

Die Arbeit einer Führungskraft im Team erfordert häufig die Qualitäten eines Trainers, der durch Anreize, Feedbacks und ständige neue Herausforderungen die Gruppendynamik fördert sowie Mut, Offenheit, Vertrauen und Leistungsfähigkeit entwickelt. Aber er sollte Polarisierungen und Cliquenbildung zu verhindern suchen und aufflammende Konflikte schon im Keim ersticken. Von Projekt zu Projekt wächst die Arbeitsgruppe langsam zu einem Team zusammen, das füreinander durchs Feuer geht. Nach dem Motto: Alle für einen, einer für alle.

Die Arbeit einer Führungskraft im Team erfordert häufig die Qualitäten eines Trainers

Für viele Mitarbeiter ist Teamentwicklung eine ebenso schmerzhafte wie lohnende Erfahrung. Die Egozentriker müssen ihre Ichbezogenheit überwinden und die Duckmäuser müssen aus der Reserve kommen, um von Einzelkämpfern zu Teamplayern zu wachsen. Erst wenn sich die Mehrheit der Kollegen bedingungslos einbringt, entsteht diese Dynamik der gegenseitigen Motivation, die zu einer Euphorie und Leistungssteigerung führt, die echte Teamarbeit ausmacht: Das Ganze ist dann mehr als die Summe seiner Teile!

4.1.3 Mit Begeisterung zur Teamkultur

Als häufigstes Argument gegen Teamarbeit wird der hohe zeitliche Aufwand für die Koordination von Arbeitsabläufen und für die Entscheidungsfindung angeführt. Tatsächlich ist in vielen Organisationen zu beobachten, dass immer größere Arbeitsgruppen immer mehr Zeit in Meetings verbringen, in denen nicht mehr konstruktiv gearbeitet wird. Diskussionen werden zum Selbstzweck, weil die Interessen zu vielfältig sind, das Ziel nicht klar ist oder einfach keiner Verantwortung übernimmt. Dahinter steckt oft der Versuch, ein Team auf rein sachlicher Ebene zu führen. Ein Team ohne Freude und Begeisterung degeneriert aber zu einer Gruppe, die sich an Details und Formalitäten aufreibt und das Ziel aus den Augen verliert.

In einem funktionierenden Team wird das gemeinsame Handeln von Emotionen getragen

In einem funktionierenden Team geschieht das ganz selten, weil das gemeinsame Handeln von Emotionen getragen wird. Diese Emotionalität zieht ihre Kraft aus konkreten Zielen und klaren Regeln für das Miteinander. Wenn alle Mitglieder eines Teams sich damit identifizieren können, finden Auseinandersetzungen nur noch statt, wenn es von entscheidender Bedeutung für das Ganze ist. Der klassische Kleinkrieg wird vom Team nicht mehr zugelassen. Das erleichtert die Kommunikation und beschleunigt Entscheidungen ganz enorm.

Der entscheidende Vorteil entsteht aber durch die starke emotionale Bindung innerhalb des Teams. Wenn wir erfolgreiche Teams beobachten, so können wir zahlreiche Aspekte erkennen, die für den Zusammenhalt der Gemeinschaft scheinbar wichtig sind: Verhaltensweisen, die eine bestimmte Gruppe entwickelt hat, an der man sie sogar erkennen kann. Diese eigene Identität bildet den „Klebstoff", der ihre Mitglieder zusammenhält. Dazu zählen:

Der „Klebstoff“ des Teams

- Bestimmte Umgangsformen, Verhaltensregeln, Informationswege, gewohnte Abläufe bis hin zu festen Verantwortlichkeiten und Bezugspersonen.
- Eine eigene Sprache, verbale und nonverbale Signale wie Gesten, Metaphern, Redensarten, Klischees u.a.
- Regel- und gewohnheitsmäßige Rituale, in denen gemeinsame Interessen gepflegt und der Gemeinschaftssinn zelebriert werden.
- Gemeinsame Normen, die sich im Verhalten, der Kleidung oder gemeinsamen Ansichten manifestieren und Schritt für Schritt zu einer eigenen Teamkultur führen.

Eine eigene Teamkultur fördert den dauerhaften Zusammenhalt

Eine eigene Teamkultur ist ein besonders wichtiger Faktor für den Zusammenhalt eines Teams über einen längeren Zeitraum. Eine gemeinsame Kultur schafft ein starkes Wirgefühl, das Sicherheit gibt und hilft, Enttäuschungen, Niederlagen und Entbehrungen zu ertragen und zu überwinden. Die Kontinuität der Beziehungen bildet den Rahmen, in dem sich im Idealfall das Team weit gehend selbstbestimmt führt und die Führungskraft nur noch in Notfällen direkten Einfluss nimmt.

Jeder kennt seine Aufgaben und weiß, was zu tun ist. Abstimmungen finden zunehmend auf einer intuitiven Ebene statt. Es entwickelt sich eine Kultur des kreativen Handelns, die eine sehr starke Dynamik entfalten kann. Das sind die Phasen, in denen ein Team über sich selbst hinauswächst, unerwartete Höchstleistungen bringt und aus der Euphorie des Erfolges heraus sich selbst zu regenerieren scheint, wie ein Perpetuum Mobile.

Als Teamleiter sind Sie in dieser Phase nur noch Primus inter Pares, also Erster unter Gleichen. Sie sind in erster Linie Teammitglied, bringen sich ebenso ein wie die anderen und verzichten weit gehend auf den Status als Führungskraft. Dieses Arbeiten auf Augenhöhe hat den Vorteil, dass Sie immer dicht am Geschehen sind und damit ein Gefühl für die aktuelle Stimmung bekommen. Die positive Atmosphäre im Team ist ein sehr sensibler und empfindlicher Zustand, der leicht umschlagen kann und deshalb unter ständiger Beobachtung stehen sollte.

Nur wenn man als Teamleiter auch Teil des Ganzen ist, hat man die Chance, Stimmungsschwankungen schon im Ansatz zu erkennen

Nur wenn man als Teamleiter auch Teil des Ganzen ist, hat man die Chance, Stimmungsschwankungen schon im Ansatz zu erkennen und ihnen entgegenzuwirken. Ein guter Teamleiter zeichnet sich dadurch aus, dass er destruktive Emotionen sofort auffängt oder negative Einflüsse von außen nutzt, um die Dynamik zu verstärken.

Ein echtes Team ist eine gut entwickelte Gruppe sich ergänzender, aber möglichst gleichwertig starker Persönlichkeiten. Es zu leiten, erfordert einen besonders demokratischen Führungsstil, denn nur wenn ich alle Meinungen gelten lasse, kann ich die vielseitigen Qualitäten auch nutzen. Wenn es darauf ankommt, neue Ideen zu entwickeln und bedeutende Visionen umzusetzen, ist der demokratische Führungsstil deshalb besonders erfolgreich. Die Wertschätzung der Beiträge aller Mitarbeiter erzeugt eine besondere Resonanz und das stärkt Teamfähigkeit, Begeisterungsfähigkeit und Konfliktbereitschaft.

4.1.4 Die Führungskraft als Moderator

Gemeinsamer Lern- oder Entscheidungsprozesses

Die Moderation ist eine Methode zur Gruppenarbeit mit dem Ziel eines gemeinsamen Lern- oder Entscheidungsprozesses unter demokratischer Mitwirkung aller Beteiligten. Eine Moderation dient dazu, die Kreativität und das Engagement der Teilnehmer zu fördern, in der Gruppe neue Ideen zu entwickeln und gemeinsam zu Ergebnissen und Entscheidungen zu gelangen, die dann vom ganzen Team getragen werden.

Die Grundbedingungen für das Gelingen einer Moderation sind mit denen eines gut eingespielten Teams vergleichbar:

Grundbedingungen für das Gelingen einer Moderation

- Jeder kommt zu Wort. Jede Meinung ist wichtig, das heißt, dass sich die Moderation in einer Atmosphäre der Offenheit und gegenseitiger Akzeptanz abspielen muss.
- Gleichberechtigter Status. Die Teilnehmer sollten gleichberechtigt sein und über einen ähnlichen Wissensstand verfügen. Die Überlegenheit bzw. Unterlegenheit Einzelner führt zu Hemmungen und gefährdet die Qualität der Ergebnisse.
- Jeder ist verantwortlich. Alle Teilnehmer sind für den Ablauf und die Er-

gebnisse der Veranstaltung mitverantwortlich und sollten sich auch dementsprechend verhalten und einbringen.

- STÖRUNGEN HABEN VORRANG. Das bedeutet, dass alles, was den Ablauf der Moderation oder die Stimmung unter den Teilnehmern gefährdet, zunächst angesprochen und, wenn möglich, ausgeräumt werden muss.
- KEINE BEWERTUNGEN. Voreilige Urteile, Wertungen, Killerphrasen oder andere Formen der Manipulation Einzelner sind unzulässig, da sie den kreativen Prozess einer Moderation gefährden.
- FEHLER SIND ZULÄSSIG. Jede Frage und jede Äußerung hat ihre Berechtigung. Keiner darf Hemmungen haben, das Wort zu ergreifen, weil sonst ein vielleicht wichtiger Gedanke verloren geht oder grundsätzliche Fragen vermieden werden.
- FASSE DICH KURZ! Kurze Redezeiten ermöglichen es, dass jeder zu Wort kommt, ohne die Veranstaltung zeitlich ausufern zu lassen. Die Einführung der 2-Minuten-Regel kann verhindern, dass Einzelne über lange Wortbeiträge die Moderation zu dominieren versuchen.

Die Regeln einer Moderation sind dazu geeignet, jede Arbeitsgruppe zu einer konstruktiven Zusammenarbeit zu bewegen. Sie zeigen, wie ein gutes Team im Idealfall miteinander umzugehen hat. Leider sind diese Bedingungen selten so ideal. So habe ich einmal eine Moderation miterlebt, die zu keinem Ergebnis führte, weil die Teilnehmer aus unterschiedlichen Hierarchieebenen stammten und der ranghöchste Vorgesetzte die übrige Gruppe total dominierte. Keiner der übrigen Teilnehmer traute sich mehr, das Wort zu ergreifen oder seinem Chef zu widersprechen. Damit hatte dieser praktisch alle Regeln der Moderation außer Kraft gesetzt und sich zusätzlich als schlechter Teamplayer geoutet. Alle Teilnehmer waren von der Veranstaltung enttäuscht und demotivierter als zuvor. Es wäre besser gewesen, die Veranstaltung gar nicht stattfinden zu lassen.

Die damalige Erfahrung hat mir deutlich gemacht, wie wichtig die Rolle eines Moderators für das Gelingen eines demokratischen Prozesses ist und dass es für diese Rolle ganz besonderer Qualitäten bedarf: Ein Moderator hat für die Zeit der Moderation seine eigenen Interessen zurückzustellen und ist nur noch Dienstleister für die Gruppe, die er zu moderieren hat. Er ist nicht Führungskraft im eigentlichen Sinne, sondern eher ein Schiedsrichter, der dafür sorgt, dass die Regeln eingehalten werde.

Ein Moderator hat seine eigenen Interessen zurückzustellen und ist Dienstleister für die Gruppe

Anhand der Qualitäten eines Moderators können wir ableiten, wie sich ein Teamleiter verhalten sollte, wenn es gilt, demokratische Prozesse zu unterstützen und tragfähige Mehrheiten für wichtige Entscheidungen zu schaffen.

Der Teamleiter als Moderator ...

- BLEIBT NEUTRAL UND GERECHT. Er stellt seine eigenen Meinungen und Ziele zurück, achtet auf ausgeglichene Redezeiten und darauf, dass sich alle Teilnehmer am Prozess beteiligen.
- SAMMELT MEINUNGEN. Er dokumentiert und strukturiert die Meinungsäußerungen der Teilnehmer und fasst sie zusammen, hat sie aber weder zu kommentieren noch zu bewerten.
- STELLT FRAGEN. Durch Fragen aktiviert und öffnet er die Gruppe für das Thema, vermeidet es aber, Behauptungen aufzustellen oder Schlussfolgerungen daraus zu ziehen.
- ACHTET AUF SIGNALE. Nimmt alle Äußerungen und nonverbalen Signale auf, um den Teilnehmern ihr eigenes Verhalten bewusst zu machen, sodass Störungen und Konflikte ohne Schuldzuweisungen bearbeitet werden können.
- ENTSCHEIDET ÜBER METHODIK. Er sorgt für die Wahl der Methoden und dafür, dass die Ergebnisse allen klar und verständlich sind. Er übernimmt aber nicht die Verantwortung für deren Inhalte.
- ZEIGT SELBSTBEWUSSTSEIN. Er ist sich seiner Position, seiner eigenen Stärken und Schwächen bewusst und übernimmt für sich und sein Handeln die Verantwortung. So hilft er den Teilnehmern, möglichst selbstverantwortlich zu reagieren.

Moderator wie Teamleiter sorgen dafür, dass die Teilnehmer einer Arbeitsgruppe sich innerhalb der Regeln frei entscheiden und mitarbeiten dürfen und immer das Gefühl haben, ihre eigenen Interessen verwirklichen zu können. Deshalb ist eine angstfreie und offene Atmosphäre ebenso wichtig, wie der faire Umgang mit abweichenden Meinungen oder die zurückhaltende, neutrale Rolle des Moderators.

IN MODERATION UND TEAM FINDET FÜHRUNG WENIGER DURCH AUSÜBUNG VON MACHT ALS VIELMEHR DURCH DAS EINHALTEN VON REGELN UND STRUKTUREN STATT.

Dabei wird der Anerkennung aller Bedürfnisse Rechnung getragen. Verständlich, dass die Führungskraft über besondere emotionale Fähigkeiten verfügen muss:

Die Führungskraft muss über besondere emotionale Fähigkeiten verfügen

- Das Zurückstellen der Eigeninteressen macht eine gute Selbstbeherrschung und Selbstsicherheit notwendig.
- Der aufmerksame Umgang mit den Gefühlen der Teammitglieder erfordert Sensibilität und Einfühlungsvermögen.
- Der Umgang mit unterschiedlichen Meinungen, subtilen Aggressionen und Konflikten bedarf einer souveränen Kommunikationsfähigkeit und diplomatisches Verständnis.

Im Rahmen demokratischer Prozesse werden die emotionalen Kompetenzen einer Führungskraft auf besondere Weise gefordert, weil direkte Machtausübung die Bereitschaft eines Teams, sich einzubringen, eher behindert als fördert. Bei keinem Führungsstil ist es so wichtig, die eigenen Gefühle zurückzunehmen und für die Emotionen und Bedürfnisse der Teammitglieder offen zu sein, als wenn es darum geht, neue Ideen zu entwickeln und Konsens zu schaffen.

Dann wird deutlich, dass Peter Drucker mit seiner eingangs des zweiten Teils zitierten Aussage Recht hatte: Führung beginnt mit dem Führen der eigenen Person. Auf Status und Machtinsignien verzichten zu können heißt, selbstbewusst seine eigenen Gefühle von den Bedürfnissen des Teams trennen zu können.

Führung beginnt mit dem Führen der eigenen Person

4.2 Die Führungskraft als Kommunikator

Eine der primären Führungskompetenzen ist die Fähigkeit zu kommunizieren. Ohne eine gewisse Ausdrucksfähigkeit, Sprachgewandtheit und rhetorische Kompetenz kann Führung nicht effizient sein. Dabei hat das Sprachverständnis noch den geringsten Anteil im Spektrum der Kommunikation. Mehr Bedeutung haben Stimme, Gestik und Körpersprache, die von unseren Gefühlen dominiert werden und mit dem Verstand kaum zu kontrollieren oder zu steuern sind (vgl. Kap. 3.1).

Stimme, Gestik und Körpersprache sind für die Kommunikation wichtiger als der Wortlaut

Während wir in der Wortwahl und im Satzbau unseren Mitmenschen noch etwas vortäuschen können, verrät unsere Stimme unweigerlich, wie wir uns wirklich fühlen. Wir spüren Betroffenheit in einer belegten Stimme, die Unsicherheit in einer brüchigen Stimme, die Wut in einer bebenden oder die Überzeugung in einer festen Stimme. Und je mehr wir versuchen, unsere Gefühle zu unterdrücken und unsere Stimme „in den Griff zu bekommen", desto unkontrollierter wird unser emotionaler Zustand.

Wir sollten zu unseren Gefühlen stehen, da Stimme und Köpersprache ohnehin nichts verbergen können

Es hat also weder Zweck noch ist es sinnvoll, sich zu verstecken. Viel gesünder und wertvoller ist es, zu seinen Gefühlen zu stehen und zu erkennen, welche Kraft und Überzeugung in ihnen steckt. Ja, ich behaupte, dass gerade im Timbre einer Stimme, in diesem feinen, wenig perfekten Klang viel mehr Ausdruck und Authentizität übertragen wird, als in einer routinierten und emotionslosen Sprache.

Ich erinnere mich an eine Erfahrung während meiner Trainerausbildung. Wir hatten die Aufgabe erhalten, den Text zu einer Traumreise zu schreiben, also eine durch Sprache geleitete Meditation mit entsprechend stimmungsvoller Musikuntermalung. Meine Arbeit wurde ausgewählt, erstmals an der Ausbildungsgruppe getestet zu werden. Ohne Vorbereitung stand ich mit meinem Manuskript vor 20 Führungskräften, die mit geschlossenen Augen auf ihren Matten lagen. Ich legte mit zittrigen Händen die Musik auf und begann zu lesen. Ich hatte so etwas noch nie zuvor erprobt und war dermaßen unsicher, dass meine Stimme deutlich zu vibrieren begann.

Ich führte meine Zuhörer in eine wunderschöne Fantasielandschaft und ließ sie einem Bergbach zur Quelle der Kreativität folgen. Eine romantische Entspannungsmusik begleitete meine zittrige Stimme und in mir schwang die ganze Zerbrechlichkeit eines Bildertraumes. Als ich meine Geschichte passend mit der Musik abschloss, herrschte eine besondere Andacht im Raum. Ich war froh, es überstanden zu haben, da kamen die ersten Teilnehmer zu mir und bedankten sich bei mir mit Tränen in den Augen für diese intensive Erfahrung ... Mit meiner brüchigen Stimme hatte ich sie auf ganz sensible Weise berührt. Meine Unsicherheit hatte sie die Traumreise auf ungeahnt feinfühlige Weise erleben lassen.

Die gleiche Traumreise habe ich später mehrfach gehalten, aber nie wieder habe ich diese Intensität und diese Wirkung erzielt, wie damals in meiner anfänglichen Unsicherheit. So ist mir erstmals bewusst geworden, dass erst das Timbre der

Stimme einem Inhalt die emotionale Färbung gibt. Ohne diese stimmliche Schwingung bleiben Worte blass und hohl. Kommunikation ohne Gefühl verkommt zu inhaltsleeren und unglaubwürdigen Phrasen.

Aber nichts ist glaubwürdiger und beeindruckender als der Ausdruck von Gefühl. Was spricht also dagegen, unseren Gefühlen und Ängsten zu vertrauen und dem, was wir zu sagen haben, damit Sinn zu geben?

Nichts macht uns glaubwürdiger, überzeugender und sympathischer als ein ehrliches Bekenntnis zu den eigenen Emotionen

Immer wenn uns ein Gefühl bewegt oder wir unsicher sind, sollten wir dazu stehen und uns dazu bekennen. Nichts macht uns glaubwürdiger, überzeugender und sympathischer als ein ehrliches Bekenntnis zu den eigenen Emotionen.

- Sie sind vor einer wichtigen Präsentation vor großem Auditorium besonders nervös? Dann beginnen Sie Ihren Vortrag damit, von Ihrem Herzklopfen zu sprechen und der Bedeutung, die dieser Auftritt für Sie hat! Sie finden zu Ihrer Ruhe zurück und gewinnen die Herzen der Teilnehmer.
- Sie spüren die Enttäuschung, die in Ihnen aufsteigt, wenn sich zwei Kollegen Ihres Teams vor versammelter Mannschaft gegenseitig beleidigen? Dann intervenieren Sie, indem Sie Ihre Enttäuschung zum Ausdruck bringen und an den Teamgeist appellieren! Je ehrlicher Sie Ihre Gefühle zeigen, desto deutlicher spüren die Kontrahenten die Bedeutungslosigkeit ihrer Privatfehde im Vergleich zum Schaden an der gemeinsamen Sache.

Kompetenzen des kommunikativen Führungsstils

Der kommunikative Führungsstil zieht seine Stärken aus der menschlichen Atmosphäre und den persönlichen Beziehungen zu den Mitarbeitern. Zeigt sich die Führungskraft als gefühlvolles Wesen, wird sie für die Mitarbeiter menschlich und liebenswert. Das gemeinsame Streben nach Harmonie verbessert das Arbeitsklima der Organisation, Außenseiter werden integriert, der Krankheitsstand sinkt, Intrigen und Mobbing werden zunehmend vermieden. Die Motivation der Mitarbeiter entsteht aus dem Gefühl der Gemeinsamkeit heraus.

Immer wenn die emotionalen Bedürfnisse der Mitarbeiter im Vordergrund stehen, besteht die Gefahr, die Ziele aus den Augen zu verlieren. Gefühlvolle Kommunikatoren neigen dazu, zu vorsichtig Kritik zu üben, anstehende Konflikte oder harte Entscheidungen zu vermeiden. Deshalb kommt die gefühlvolle Kommunikation bei der Integration von zerstrittenen Teams und in stressigen Zeiten zum Einsatz, aber nicht, wenn es gilt, dringende Veränderungsprozesse anzuleiten.

4.2.1 Vier-Wege-Kommunikation und Ich-Botschaft

Das dümmste, aber hartnäckigste Vorurteil, *„Gefühle haben am Arbeitsplatz nichts zu suchen“*, ist durch die Kommunikationswissenschaftler längst widerlegt. Das Gegenteil ist der Fall: Wenn wir mit anderen in Kontakt treten, werden wir ständig von unseren Gefühlen beeinflusst, ob wir das wollen oder nicht. Jedes Telefonat, jede geschäftliche Besprechung, jedes Mitarbeitergespräch wird von Emotionen gesteuert.

Gefühle bewusst zur Unterstützung, zur Motivation und zur Führung von Mitarbeitern und Kollegen nutzen

Da es uns nicht gelingen wird, Gefühle gänzlich zu verbergen, müssen wir uns darüber bewusst werden, auf welche Weise sie sich in unserer Kommunikation zeigen, damit wir lernen, sie konstruktiv zu verwenden, das heißt, sie bewusst zur Unterstützung, zur Motivation und zur Führung von Mitarbeitern und Kollegen zu nutzen, ohne uns von destruktiven Emotionen überwältigen zu lassen.

Jede Äußerung gegenüber unseren Mitmenschen verbirgt mehrere emotionale Botschaften in sich

Das Modell der vier Ebenen der Kommunikation hilft uns zu erkennen, dass jede Äußerung gegenüber unseren Mitmenschen mehrere emotionale Botschaften in sich verbirgt, die uns selbst nicht bewusst werden müssen, der Empfänger spürt aber die Emotionen und reagiert entsprechend.

Das folgende humorvolle Beispiel nach dem Kommunikationsforscher Schulz von Thun macht das verständlich:

Ein Frau am Steuer ihres Autos fährt ihren Mann in die Stadt. 50 Meter vor einer Kreuzung sagt der Mann zu ihr: *„Da vorne die Ampel ist grün!“* Die vier Ebenen und ihre Inhalte sind:

1. Die Sachebene: *„Die Ampel zeigt grün.“*
2. Die Beziehungsebene, eine Aussage über das gegenseitige Verhältnis: *„Ich bin der bessere Autofahrer.“*
3. Die Selbstmitteilung über den eigenen emotionalen Zustand: *„Ich fühle mich schlecht, wenn du so langsam fährst. Ich habe Angst, dass wir zu spät kommen.“*
4. Der Appell, das, was mit der Aussage erreicht werden soll: *„Gib Gas!“*

Wir erkennen deutlich, dass wir unsere Stimmungen nicht verbergen können, sondern dass sie in allem, was wir sagen, mitschwingen. Daraus folgt, dass es ehrlicher und erfolgreicher ist, wenn wir mit offenen Karten spielen und unsere Gefühle nicht subtil in der Kommunikation zu verstecken suchen, sondern sie offensiv und direkt äußern. Damit ist nicht gemeint, Gefühle am anderen auszutoben, sondern das kontrollierte Ansprechen der latenten Konflikte. Die offene Äußerung gibt dem Empfänger die Sicherheit des Verstehens. Er ist nicht auf die Interpretation einer subtilen Wortwahl, zweideutiger Bilder oder einer warnenden Betonung angewiesen. Missverständnisse werden vermieden und jeder erhält die Chance, angemessen zu reagieren.

Wem es gelingt, im offenen Dialog Ängste, Befürchtungen zum Ausdruck zu bringen, ohne sein Gegenüber zu verletzen oder in die Defensive zu treiben, schafft automatisch eine emotionale Bindung zum Gesprächspartner, die seinem Anliegen eher förderlich ist, statt es zu behindern.

Eine emotionale Bindung an den Gesprächspartner ist dem eigenen Anliegen eher förderlich

Vielleicht fürchten Sie: Wenn ich meine Gefühle am Arbeitsplatz offenlege, zeige ich eventuelle Schwächen. Mache mich verletzbar. Mitarbeiter oder Kollegen werden das ausnutzen und gegen mich verwenden. Aus eigener Erfahrung versichere ich Ihnen: Gefühle zu zeigen ist nicht zu Ihrem Nachteil. Menschen reagieren glaubhaften Gefühlen gegenüber hilfsbereit und solidarisch, solange sie ehrlich vorgetragen werden.

Menschen reagieren glaubhaften Gefühlen gegenüber hilfsbereit und solidarisch

Wenn die Offenheit von Menschen missbraucht wird, liegt es an der Art und Weise, wie sie geäußert wird. Sind die Gefühle Ausdruck einer devoten Haltung, sind sie Mitleid heischend oder manipulierend, so provozieren sie zum Widerstand. Werden Sie aber selbstbewusst und klar zum Ausdruck gebracht, sind sie nicht nur überzeugend, sondern auch entwaffnend. Entscheidend ist nicht das Gefühl an sich, sondern ob es Ihnen gelingt, den Sinn Ihrer Gefühlsäußerung zu vermitteln.

Eine der erfolgreichsten Techniken ist die Ansprache in so genannten Ich-Botschaften. Deren Ziel ist es, Vorwürfe, die zur Konfrontation führen können, zu vermeiden. Nutzt man Ich-Botschaften, kann man verletzende Aussagen vermeiden, die den derart Angesprochenen fast automatisch zum Widerspruch reizen und so zu Konflikten führen, wie etwa: *„Sie sind so ignorant! Seit Monaten machen Sie den gleichen Fehler!“*

Ich-Botschaften helfen, Vorwürfe zu vermeiden, die zu Konfrontationen führen können

Ich-Botschaften beinhalten drei Elemente:

- Ein Statement zum GEGEBENEN ANLASS,
- eine Aussage zu *Ihrem* AKTUELLEN GEFÜHL und
- eine Äußerung zur ERWARTETEN KONSEQUENZ.

Das oben erwähnte Beispiel als Ich-Botschaft formuliert könnte also lauten: *„Ich beobachte, dass Sie immer noch den gleichen Fehler machen. Ich merke, wie sehr mich das enttäuscht. Und ich frage mich, wie wollen Sie erfolgreich sein, wenn Sie nicht aus Ihren Fehlern lernen?"*

Die persönliche Betroffenheit wird in den Mittelpunkt gestellt und die Konsequenz aus dem Fehlverhalten aufgezeigt

Der Unterschied zur Konfrontation liegt darin, dass die persönliche Betroffenheit in den Mittelpunkt gestellt und die Konsequenz aus dem Fehlverhalten aufgezeigt wird. Die Chance, etwas zu bewegen, steigt mit der Intensität des emotionalen Inputs, weil Emotionen rationale Abwehrmechanismen beim Zuhörer leichter überwinden helfen.

Auch wenn es zunächst schwierig scheint, die eigenen Gefühle in kontrollierte Ich-Botschaften zu verpacken, die ersten Erfolge werden Ihnen helfen, Ihre Gefühle auch im Beruf konstruktiv einzusetzen. Sie werden seltener Ihre Fassung verlieren und lernen, gelassen mit Ihren Gefühlen umzugehen.

Mit jeder erfolgreichen Ich-Botschaft bauen Sie Ihren inneren emotionalen Druck ab

Tipp 1: BRINGEN SIE IHRE POSITIVEN GEFÜHLE SO OFT WIE MÖGLICH ZUM AUSDRUCK. Zeigen Sie Ihre Zufriedenheit an der Leistung anderer. Spenden Sie Lob, zeigen Sie Ihren Optimismus, verbreiten Sie Zuversicht. Nichts ist motivierender, als Freude, Erfolg, Stolz oder Begeisterung mit anderen zu teilen.

Tipp 2: ACHTEN SIE DARAUF, DASS SIE NICHT PERSÖNLICH WERDEN ODER ANDERE VERLETZEN, WENN SIE KRITIK ÜBEN. Halten Sie sich mit Gefühlsausbrüchen aus Wut oder Enttäuschung dort zurück, wo Sie sich oder anderen schaden könnten. Emotionen wie Enttäuschung oder Verletzungen zu zeigen ist sinnvoll, wenn es gleichzeitig die eigenen Ängste und Konsequenzen einer fehlerhaften Handlung in Form von Ich-Botschaften aufzeigt.

Tipp 3: EIN WUTAUSBRUCH KANN ZIELFÜHREND SEIN, WENN ER AUTHENTISCH ALS DIREKTE REAKTION AUF EINEN AKTUELLEN ANLASS ERFOLGT und vom Empfänger nachvollziehbar ist. Diese Karte sollte aber nur dann gespielt werden, wenn eine besondere Gefährdung oder ein grober Fehler vorliegt und man emotional aufrütteln muss.

4.2.2 Kommunikation und emotionales Bewusstsein

Wenn wir von gefühlvoller Kommunikation sprechen, so müssen wir auch klarstellen, was damit *nicht* gemeint ist, aber häufig missverstanden wird: Gefühle äußern ist nicht mit Wehleidigkeit, Jammern, Hilfsbedürftigkeit oder unreifem, kindlichem Verhalten gleichzusetzen. Wenn eine Person immer nur die gleichen pessimistischen Gefühle zeigt und anderen damit auf die Nerven geht, dann hat das selbstverständlich nichts mit Stärke zu tun, sondern mit einer destruktiven oder depressiven Stimmung. Solches Verhalten wirkt auf andere wenig beeindruckend, sondern wird höchstens deren Mitleid erregen. Wer sich in seiner Trauer oder Hilflosigkeit vergräbt, um zu leiden oder um Hilfe zu betteln, der zeigt, dass er sich zu schwach fühlt, um sich selbst zu helfen. Ein solches Verhalten wird auch als Zeichen der Schwäche verstanden.

Nach meiner Beobachtung haben Menschen, die Angst davor haben, ihre Gefühle zu zeigen, genau diese Befürchtung, dass sie auf andere schwach, hilflos oder wehleidig wirken. Diese Angst entsteht aber, weil diese Personen ihre Gefühle jahrelang unterdrückt haben. Wenn dieser Stau von zurückgehaltener Trauer, Leid, Hoffnungslosigkeit oder Wut sich dann einmal Bahn bricht, kann das auch nur als Moment der Schwäche erlebt werden, weil es dann heftig und unkontrolliert geschieht. Nach einem dauernden Zweikampf zwischen Verstand und Emotion werden Gefühlsausbrüche selbstverständlich zur ungewollten Niederlage gegenüber der eigenen ungeliebten Gefühlswelt.

Wer seine Gefühle unterdrückt oder lange unterdrückt hat, kann sie nicht souverän äußern

Mit gefühlvoller Kommunikation ist etwas anderes gemeint: Gefühlvoll zu kommunizieren setzt voraus, dass ich meine Gefühle nicht als Feind bekämpfe, sondern mit ihnen Frieden geschlossen habe. Eine Kommunikation „voller" Gefühle heißt ja, dass ich meine Gefühle in mein Leben integriert habe und sie als wertvollen Teil meiner selbst anerkenne, also wertschätze und ihnen vertraue. Es heißt aber nicht, dass ich alle meine Gefühle zulasse und mich ihnen unterwerfe.

Gefühlvoll zu kommunizieren setzt voraus, dass Gefühle nicht als Feind bekämpft, sondern akzeptiert werden

Gefühlvolle Kommunikation bedeutet, Gefühle wahrnehmen, deren Ursachen erkennen, sie als Entscheidungshilfe nutzen und für Klarheit sorgen, indem ich diese Schritte meinen Mitmenschen mitteile. Sie unterscheidet sich also von allen unkontrollierten, depressiven oder aggressiven Gefühlsausbrüchen dadurch, dass sie emotionales Bewusstsein mit

Gefühlvolle Kommunikation verbindet emotionales Bewusstsein mit Handlungskompetenz

Handlungskompetenz verbindet. Emotionen werden also nie unreflektiert geäußert, sondern werden als Ursache von Entscheidungen kommuniziert. Das macht ihre Stärke aus, die Kombination von Ratio und Emotion.

Um uns emotionale Prozesse bewusst zu machen und zu analysieren, müssen wir zunächst zwischen dem Auslöser und der Ursache eines Gefühls unterscheiden:

- Der Auslöser ist das Verhalten des anderen.
- Die Ursache unserer negativen Gefühle sind aber unsere unerfüllten oder verletzten Bedürfnisse.

Nicht die Handlung des anderen ist für unsere Gefühle verantwortlich, sondern unsere ganz individuelle Bedürfnislage

Das heißt, wenn wir ein Gefühl erleben, ist nicht die Handlung des anderen dafür verantwortlich, sondern unsere ganz individuelle Bedürfnislage. Deshalb reagiert auch jeder auf das Verhalten und Handeln eines Menschen anders: Der eine fühlt sich verletzt, den anderen lässt es kalt, ein dritter fühlt sich bestätigt. Zusätzlich können spontane Gefühle nochmals verstärkt werden, wenn individuelle Erfahrungen oder Persönlichkeitsmuster die Einschätzung der Situation dramatisieren und so die Gefühlslage noch aufgeheizt wird.

Reaktive Gefühle wie Ärger und Wut sind durch unsere Denkweise beeinflusst

So genannte reaktive Gefühle fühlen sich möglicherweise genauso an wie spontane Gefühle, sie sind aber durch unsere Denkweise beeinflusst. Zu diesen Gefühlen zählen Ärger und Wut. Wir können uns jederzeit entscheiden, ob wir diesen reaktiven Gefühlen freien Lauf lassen oder einfühlsam denken und kommunizieren wollen.

So werden Sie sich Ihrer Gefühle, Bedürfnisse und Bewertungen bewusst:

Gefühle zulassen und differenzieren

- Was spüre ich genau?
- Welche Gefühle kann ich erkennen?
- Was wollen mir diese Gefühle mitteilen?

Auslöser identifizieren

- Was genau ist der Auslöser für meine Gefühle?
- Ein Verhalten, eine Aussage, ein Wort, eine Geste?
- Was identifiziere ich damit?

Bedürfnisse erkennen

Hinter jedem Gefühl steckt ein Bedürfnis. Wenn wir Angst, Trauer, Wut, Enttäuschung oder Neid spüren, dann suchen wir nach der Ursache, die hinter diesem Gefühl verborgen ist, indem wir fragen:

- Was bringt mich aus der Ruhe?
- Warum fühle ich mich so ...?
- Was fehlt mir aktuell, damit ich zufrieden bin?

Bewertungen erkennen
Um reaktive Gefühle zu erkennen, muss ich mir meiner Bewertungen bewusst werden:
- Woran erinnert mich diese Situation?
- Wie beurteile ich die Situation?
- Welche Bedeutung hat das für mich?
- Welcher Glaubenssatz verstärkt meine Erregung?

Alternativen sehen
Unerfüllte oder verletzte Bedürfnisse sind ein Zeichen dafür, dass wir etwas verändern müssen an unserem Umfeld oder unserer Einstellung:
- Wie ist mein verletztes Bedürfnis zu befriedigen?
- Was muss sich ändern, damit ich zufrieden bin?
- Welche Neubewertung hilft mir in dieser Situation?
- Welcher Glaubenssatz wirkt auf mich beruhigend?

Kommunizieren
Erst wenn Sie sich über die Situation und alternative Einstellungen und Handlungsweisen bewusst sind, können Sie Ihre Gefühle und Ihre Bedürfnisse frei von reaktiven und destruktiven Emotionen zum Ausdruck bringen.

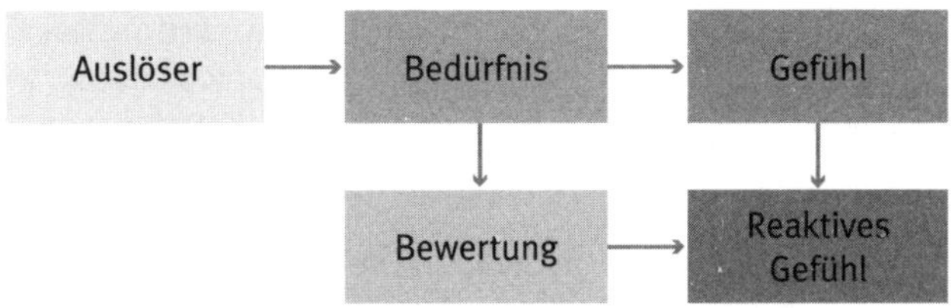

Um wirkungsvoll emotional kommunizieren zu können, müssen wir zwischen dem Auslöser und der Ursache eines Gefühls unterscheiden

Eine gefühlvolle Kommunikation zeichnet sich dadurch aus, dass der Ausdruck Ihrer Emotionen nicht Ziel Ihrer Ansprache ist, sondern deren Begründung. Ein emotional kompetentes Statement endet deshalb immer mit der von Ihnen gewählten Handlungsalternative, also mit dem Änderungswunsch an Ihr Gegenüber (den Auslöser) oder Sie ändern Ihre Bewertung der Situation.

Ein emotional kompetentes Statement endet immer mit der von Ihnen gewählten Handlungsalternative

Dazu ein Beispiel:
- Ihr Gefühl: Eine beklemmendes Gefühl in der Brust, eine Mischung aus Neid, Ärger und Abscheu.
- Auslöser: Ein Kollege prahlt mit seinen Erfolgen.

- Bedürfnis: Bestätigung, Gerechtigkeit, Bescheidenheit
- Reaktive Bewertung:
  „Der Kerl ist ein Aufschneider."
  „Ich mag keine Angeber. Das gehört sich nicht."
  „Andere haben mehr Glück als ich. Ich bin ein Versager."
  „Es gibt keine Gerechtigkeit. Ich komme immer zu kurz."
- Alternative Bewertungen:
  „Ich gönne dem Mann sein Glück. Er hat es verdient."
  „Ich darf auch auf meine Leistung stolz sein."
  „Ich kann mich über den Erfolg anderer freuen."
- Gefühlvolle Kommunikation:
  „Wenn du so mit deinen Erfolgen prahlst, werde ich ganz neidisch, weil ich mir auch mehr Bestätigung wünsche. Deshalb bitte ich dich, etwas zurückhaltender zu sein ..."

4.2.3 Emotionale Kommunikation in Konflikten

Konflikte (lateinisch: confligere = aneinandergeraten, kämpfen) sind ganz natürliche und notwendige Prozesse der Auseinandersetzung von Menschen aufgrund unterschiedlicher Interessen. Sie entstehen, wenn es den Konfliktparteien nicht möglich scheint, ihre unterschiedlichen Bedürfnisse gleichzeitig zu verwirklichen.

Konflikte eskalieren immer dann, wenn die Beziehung der beteiligten Parteien gestört wird, das heißt, die „Teufelssprache" durch Forderungen, Verallgemeinerungen, Beschuldigungen oder Drohungen dominiert (vgl. Kap. 3.3.3).

Offene und latente Konflikte

Wir müssen zwischen offenen und latenten Konflikten unterscheiden. Wobei die offenen Konflikte leichter zu bearbeiten sind, weil die Ursachen offensichtlich sind und eine Lösung bzw. ein Kompromiss möglich ist, sobald die Kontrahenten bereit sind, sich auf der Beziehungsebene wieder zu begegnen.

Versteckte Konflikte sind insofern kritischer, als die eigentlichen Ursachen zumindest einer Partei nicht bekannt sind. Auch Menschen, die Konflikte heraufbeschwören, ist oft nicht bewusst, woher die Gefühle stammen, die sie so reagieren lassen. Jedem von uns ist das schon passiert: Wir stehen morgens auf und haben schlechte Laune. Vielleicht haben wir schlecht geträumt oder uns stehen unangenehme Termine bevor, die uns belasten, ohne dass uns das bewusst sein muss. Dann genügen oft Kleinigkeiten, um überempfindlich zu reagieren.

Ein falsch verstandenes Wort, eine unbewusste Geste und schon fühlt sich unser Gegenüber verletzt, wir haben wieder etwas vom Beziehungskonto abgehoben.

Die Mehrzahl unserer Mitmenschen wehrt sich in solchen Momenten nicht, sondern schluckt ihren Ärger herunter und produziert so lauter versteckte Konflikte, denn unsere Gefühle, vor allem die Aggressionen, suchen sich auf subtile Weise ein Ventil: Vermeidungsstrategien, Projektion, Schuldzuweisungen, Arbeitsverweigerung, Zynismus, Intrigen und andere Formen des Mobbings sind Ausdrucksformen unterdrückter Konflikte. Sie führen auf Dauer auch zu gesundheitlichen Schäden und Krankheiten. Wer Konflikten aus dem Weg geht und seine Gefühle nicht ausdrückt, wird nachweislich häufiger krank. So ist der Krankheitsstand einer Organisation nicht nur ein Zeichen für die Qualität des Betriebsklimas, sondern auch eine Messlatte für die Menge an subtilen Aggressionen im Unternehmen. Insofern sind nicht ausgetragene Konflikte das betriebswirtschaftlich größere Problem, weil sie gute Beziehungen zerstören und Produktivität kosten.

Wer Konflikten aus dem Weg geht und seine Gefühle nicht ausdrückt, wird nachweislich häufiger krank

Wenn Konflikte nicht offen zutage treten, sind sie auf der Sachebene noch schwieriger zu lösen als sonst, weil die Auslöser verdrängt wurden oder niemand diese ansprechen will. Wir haben aber eine Chance, versteckten wie offenen Konflikten auf den Grund zu gehen, indem wir die Ursachen auf der emotionalen Ebene hinterfragen. Dazu sind einige Bedingungen zu erfüllen:

Voraussetzungen, um Konfliktursachen auf emotionaler Ebene zu hinterfragen

- Wir sind uns unserer Gefühle und der dahinterliegenden Bedürfnisse bewusst und haben den Mut, sie unserem Kontrahenten gegenüber offen zum Ausdruck zu bringen.
- Wir machen unseren Kontrahenten nicht für diese Gefühle verantwortlich, weil wir den Anlass und Auslöser unserer Emotionen sachlich analysieren und von unserer emotionalen Reaktion zu unterscheiden wissen.
- Wir besitzen die Selbstkontrolle, um Vorwürfe, Schuldzuweisungen, Verallgemeinerungen, impulsive Reaktionen, kurz, jede Form der Teufelssprache zu vermeiden und unser Gegenüber als Gesprächspartner anzunehmen.
- Wir sind bereit, uns dem Gesprächspartner zu öffnen und unsere innersten Gefühle wie Angst, Wut, Neid, Verletztheit, Frustration oder Hilflosigkeit zu artikulieren und zu zeigen.

- Wir sind nur dann emotional, wenn wir in der Ichform über unsere Gefühle sprechen. Wenn wir uns über unseren Gesprächspartner äußern, bleiben wir sachlich und bei den belegbaren Fakten.
- Das heißt, wir beherrschen das bewusste Wechselspiel zwischen sachlicher und emotionaler Kommunikation und nutzen es.

Vorwürfe und Anklagen provozieren Rechtfertigungen und Gegenangriffe

Einer der am häufigsten begangenen Fehler in Auseinandersetzungen ist der, dass man seine Emotionen in Sätzen zum Ausdruck bringt, die auf den Kontrahenten gerichtet sind, deshalb als Vorwurf, Anklage oder Angriff gewertet werden und so ihrerseits Rechtfertigungen oder Gegenangriffe provozieren. Zum Beispiel:

- *„Sie haben nicht verstanden, was ich meine!"*
- *„Können Sie sich nicht etwas deutlicher ausdrücken!?"*
- *„Damit haben Sie doch gar keine Erfahrung!"*
- *„Das machen Sie doch mit Absicht!"*
- *„Sie sind unerträglich!"*

Mit diesen Aussagen sorgen Sie bei Ihrem Gesprächspartner regelmäßig für unnötige Missstimmung. Wenn Sie Ihre Botschaften aber mit dem Wort „Ich" verknüpfen, so genannte Ich-Botschaften formulieren (vgl. Kap. 4.2.1), werden alle Aussagen persönlicher und unantastbarer.

Solange Sie „nur" über Ihre Gefühle sprechen, kann keiner das Gegenteil behaupten und deshalb kommt auch kein Widerspruch auf. Für die oben genannten Beispiele gibt es je nach Situation mehrere Lösungen. Zum Verständnis hier jeweils eine Möglichkeit:

- *„Ich habe mich gerade missverständlich ausgedrückt."*
- *„Ich glaube, ich habe Sie noch nicht richtig verstanden."*
- *„Ich denke, wir benötigen hierbei Unterstützung."*
- *„Ich bin enttäuscht von Ihrem Verhalten."*
- *„Ich habe mit Ihrem Verhalten große Schwierigkeiten."*

Statt den Gesprächspartner anzugreifen, ihn mit den eigenen Gefühlen konfrontieren

Spüren Sie den Unterschied? Ich-Botschaften können das Gleiche ausdrücken, sind vielleicht sogar konkreter in der Botschaft, sind aber frei von Provokationen, weil ich mit der Aussage bei mir bleibe. Statt eines pauschalierten Angriffs konfrontiere ich meinen Gesprächspartner nur mit meinen Gefühlen.

4.2.4 Gewaltfreie Kommunikation

Die gewaltfreie Kommunikation bietet zusätzlich eine Konfliktlösung in Form einer Bitte an

Die gewaltfreie Kommunikation geht noch einen Schritt weiter und bietet zusätzlich eine Konfliktlösung in Form einer Bitte an. Die Aussage erfolgt in der „Engelssprache" (vgl. Kap. 3.3.3) und ist in vier Schritte unterteilt, von denen Schritt 1 und 4 sich auf den Gesprächspartner beziehen und deshalb sachlich bleiben, während Schritt 2 und 3 durch Selbsteinfühlung die eigene Gefühlswelt beschreiben und deshalb möglichst emotional sein sollten:

Situation und Auslöser

1. Die Situation beschreibt sachlich und konkret den Auslöser der aktuellen Situation, also das Verhalten oder die Provokation des Kontrahenten, ohne diese zu bewerten, zu verurteilen oder in irgendeiner Form anzugreifen. Zum Beispiel:
   „Wenn Sie an meinen Worten zweifeln, ..."

Gefühl, das ausgelöst wird

2. Das Gefühl beschreibt mit möglichst authentischem Gefühlsausdruck, was die Situation bei mir persönlich bewirkt: meine Gefühle, Ängste, Befürchtungen oder Verletzungen:
   „dann bin ich sichtlich enttäuscht /verletzt mich das, ..."

Bedürfnis, das hinter dem Gefühl steckt

3. Das Bedürfnis beschreibt auf emotionale Weise, welche unerfüllten Bedürfnisse und Werte hinter meinen Gefühlen stecken und gibt somit eine nachvollziehbare Begründung:
   „weil mir Ihr Vertrauen besonders wichtig ist."

Bitte zur Lösung

4. Die Bitte formuliert wieder auf sachliche Weise, wie ich mir für die Zukunft eine Lösung vorstellen könnte. Sie wird immer als Bitte oder Wunsch und nicht als Forderung formuliert. So überlasse ich meinem Gegenüber die Entscheidung, ohne ihm zu drohen. Gleichzeitig mache ich eine klare Ansage: Wenn er sich weiter so verhält, belastet er unsere Beziehung:
   „Deshalb bitte ich Sie, mich anzusprechen, bevor Sie sich eine Meinung bilden."

Diese Form der gefühlvollen Kommunikation ist umso wirkungsvoller, je kürzer und kompakter sie vorgetragen wird. Also vermeiden Sie Wiederholungen, langwierige Begründungen oder Ausschweifungen. Sie geben Ihrem Gesprächspartner damit nur die Chance, Ihnen ins Wort zu fallen oder zu widersprechen. Die emotionale Wirkung Ihres Statements wird damit unterbrochen und Sie müssen erneut ansetzen, indem Sie die Unterbrechung als neuen ersten Schritt beschreiben: *„Wenn Sie mir so in Wort fallen, …“*

Es ist unbedingt wichtig, alle vier Stufen zügig und in einem Stück zu formulieren

Es ist also unbedingt wichtig, alle vier Stufen zügig und in einem Stück zu formulieren. Je klarer und bestimmter Sie das tun, umso besser und beeindruckender ist es.

Zwei häufig gemachte Fehler sollten Sie vermeiden: Zum einen verfallen viele in der Situationsbeschreibung in Vorwürfe und verlieren ihre Sachlichkeit, zum anderen haben viele Schwierigkeiten, in Schritt zwei und drei ihre Emotionalität zu zeigen. Deshalb erfordert die gewaltfreie Kommunikation eine gewisse Übung und wenn Ihnen ein konfliktreiches Gespräch bevorsteht, ist es ratsam, die zu erwartenden Kernaussagen schriftlich vorzubereiten. Sie werden sich wundern, was Sie damit erreichen können.

Die Fremdeinfühlung, um fremde Konflikte zu schlichten, nutzt die gleichen vier Schritte

Als Führungskraft sind Sie auch in der Verantwortung, fremde Konflikte, zum Beispiel zwischen Mitarbeitern, anzusprechen und zu schlichten. Für solche Fälle hat die gewaltfreie Kommunikation die Fremdeinfühlung geschaffen, die die gleichen vier Schritte nutzt wie die oben beschriebene Selbsteinfühlung. Nur müssen Sie sich bei Schritt 2 und 3 in die Gefühle und Bedürfnisse der Kontrahenten einfühlen und benötigen dazu eine gewisse Empathie. Ein Beispiel:

1. Die Situation ist ein aktueller Konflikt zwischen zwei Mitarbeitern, den Sie sachlich und konkret beschreiben:
   „Wenn ich höre, wie Sie sich gegenseitig beschuldigen …“
2. Das Gefühl versucht die Ängste, Befürchtungen oder Verletzungen der Mitarbeiter nachzuvollziehen. Da Sie nicht sicher sein können, ob Sie richtig liegen, ist es ratsam, dieses als Ich-Botschaft zu formulieren:
   „habe ich das Gefühl, dass es Ihnen sehr unangenehm ist, zuzugeben, dass Fehler gemacht wurden …“
3. Das Bedürfnis beschreibt die unerfüllten Bedürfnisse der Mitarbeiter, die Sie hinter deren Gefühlen vermuten:
   „weil Sie beide das Bedürfnis nach Anerkennung haben …“ oder: *„weil Sie beide glauben, perfekt sein zu müssen …“*
4. Die Bitte formuliert, wie Sie sich eine Lösung vorstellen könnten. Sie wird immer als Bitte oder Wunsch und nicht als Forderung formuliert. So überlassen Sie den Kontrahenten die Entscheidung, mit ihrem Konflikt umzugehen:

„Ich wünsche mir aber, dass Sie sich in Zukunft nicht in Schuldzuweisungen verzetteln, sondern die Zeit nutzen, gemeinsam nach Lösungen zu suchen."

Die Fremdeinfühlung ist ein starkes Instrument, um Konflikte zu schlichten und latente Konflikte aufzudecken. Immer wenn Sie als Führungskraft die Gefühle Ihrer Mitarbeiter ansprechen, bewegen Sie diese dazu, Stellung zu beziehen und offener zu werden. Das schafft gegenseitiges Vertrauen, entwickelt die Beziehungen zu den Mitarbeitern und schafft eine kollegiale Atmosphäre des Miteinanders. Mittelfristig macht es Ihre Mitarbeiter mutiger und selbstbewusster auch im Umgang mit Ihnen als Führungskraft.

4.3 Die Führungskraft als Förderer und Coach

Wer in der Führungsverantwortung steht, kennt sicherlich auch das Gefühl der Enttäuschung, wenn Mitarbeiter nicht aus ihren Fehlern lernen und dem gemeinsamen Erfolg des Teams im Wege stehen. Auch für mich war es lange unverständlich, ja frustrierend, dass viele meiner Mitarbeiter immer wieder an den gleichen Dingen scheiterten, ohne daraus den Schluss zu ziehen, mal etwas Neues auszuprobieren oder etwas an ihrem Verhalten zu ändern. Schon Jahre bevor ich mich entschied, ausschließlich als Trainer und Coach zu arbeiten, hatte ich deshalb das dringende Bedürfnis, die Menschen in meinem Arbeitsumfeld zu fördern und weiterzubilden. Wenn es unsere Termine zuließen, nutzten wir den Freitagnachmittag dazu, neue Ziele zu entwickeln oder neue Erfahrungen zu machen. Einer dieser Nachmittage sollte für einige im Team zu einem besonderen Schlüsselerlebnis werden ...

Ich hatte ein paar Übungen vorbereitet, um alle auf ihre Teamfähigkeit zu testen und ihnen die Bedingungen für eine konstruktive Zusammenarbeit bewusst zu machen. In einer dieser Übungen sollte jeder Mitarbeiter ein gleich großes Quadrat aus unterschiedlichen Puzzleteilen zusammenbauen, ohne sich mit den anderen abzusprechen. Das Problem bei dieser Übung war, dass es zwar unzählige Möglichkeiten gab, Quadrate zu bilden, aber nur eine Kombinationsmöglichkeit existierte, um mit den gegebenen Mitteln alle Quadrate fertig stellen zu können.

Einer meiner Kreativen hatte schon nach einer knappen Minute sein Quadrat zusammengebaut und danach geistig abgeschaltet, während die anderen noch krampfhaft überlegten, welche Teile sie benötigten, um ihres zu vervollständigen. Ohne sich absprechen zu können, wuchs in allen Teilnehmern sichtbar die Erkenntnis, dass die gemeinsame Aufgabe nur zu lösen wäre, wenn mein Kreativer zwei seiner bereits verbauten Puzzleteile wieder abgeben und durch ein größeres Teil ersetzen würde. Alle fixierten ihn und warteten ungeduldig auf dessen Reaktion – vergeblich. Es schien ewig zu dauern, bis ihm sein Fehler klar wurde, glaubte er doch, mit seiner Aufgabe schon längst fertig zu sein!

Als endlich die Lösung gelegt war, platzte es aus den Kollegen heraus: „Genau so bist du im Alltag auch!" „Immer denkst du nur an dich und deine Aufgaben." „Nie schaust du über deinen Tellerrand hinaus und sprichst dich mit uns ab!" Unser Kreativer war sehr betroffen. Er lief rot an und entschuldigte sich. Obwohl er ein guter Designer war, der seine Arbeit ernst nahm, übernahm er doch nie wirklich die Verantwortung.

Durch diese Übung wurde unserem Kreativen erstmalig bewusst, was seinem Erfolg bisher im Weg gestanden hatte: Verantwortlich sein heißt eben mehr, als nur die eigene Aufgabe gut zu machen. Es heißt, alles im Blick zu behalten und für das große Ganze die Verantwortung zu übernehmen. An diesem Tag war es, als hätte jemand bei ihm einen Schalter umgelegt. Er entwickelte sich schnell zu meinem verlässlichsten Mitarbeiter, übernahm nach wenigen Monaten die Atelierleitung und ging zweieinhalb Jahre später nach Hamburg, um bei einem der Marktführer seine Karriere fortzusetzen.

Vielfach behindert mangelnde Gelegenheit, das eigene Verhalten aus einer anderen Perspektive betrachten zu können

Auch für mich wurde dieser Nachmittag zu einem Schlüsselerlebnis, weil ich erleben durfte, wie sinnvoll und erfüllend es ist, seine Mitarbeiter zu fordern und zu fördern. Ich erkannte, dass es selten der mangelnde Wille ist, der die Mitarbeiter an ihrer Entwicklung hindert. Es ist vielmehr die mangelnde Gelegenheit, das eigene Verhalten aus einer anderen Perspektive betrachten zu können. Es genügt eben nicht, den anderen zu kritisieren oder ihm mitzuteilen, wie es besser geht. Um sich zu entwickeln, braucht jeder Mensch die Gelegenheit, aus dem Käfig seiner bisherigen, oft eingeschränkten Erfahrungen auszubrechen und neue Sichtweisen zu erfahren.

Wenn wir Menschen und Organisationen weiterentwickeln wollen, dann ist die Führungskraft in der Rolle des Coaches besonders Erfolg versprechend. Sie fördert die individuellen Ziele der Mitarbeiter und bringt sie mit den Zielen der Organisation in Einklang. Sie wirkt hoch motivierend auf alle entwicklungsbereiten Mitarbeiter und schafft eine offene und kooperative Arbeitsatmosphäre. Aber diese Rolle ist auch sehr anspruchsvoll. Sie erfordert von der Führungskraft eine hohe Führungskompetenz und besondere Qualitäten:

Qualitäten der Führungskraft als Coach

- Die Reife und die Gelassenheit, sich frei von Zeit- und Leistungsdruck mit den Mitarbeitern auseinandersetzen zu können. Das heißt, ihnen Sicherheit zu geben, ihnen entstehende Ängste zu nehmen und unabhängig von laufenden Aufgaben den Raum zu gewähren, sich auszuprobieren und Fehler machen zu dürfen.
- Gute Menschenkenntnis und psychologisches Geschick, um die Potenziale der Kollegen zu erkennen, selbst wenn sich diese ihrer schlummernden Fähigkeiten noch gar nicht bewusst sind oder sie sich diese noch nicht zutrauen.
- Bewusstheit und Abstraktionsvermögen, um aus Verhaltensmustern des Mitarbeiters auf destruktive Einstellungen oder falsche Glaubenssätze schließen zu können und diese offen anzusprechen.
- Achtsamkeit und Toleranz, um unabhängig von Eigeninteressen und Vorurteilen den anderen wertfrei in seiner Entwicklung begleiten zu können, ohne zu sehr zu dirigieren oder zu manipulieren.
  Das heißt, in der Rolle des Coaches muss ich auch bereit sein, meine Interessen als Führungskraft zurückzustellen, wenn deutlich wird, dass die Bedürfnisse des Mitarbeiters nicht mit denen der Organisation zu vereinbaren sind.

Letztendlich haben meine Erfolge in der Rolle als coachende Führungskraft dazu beigetragen, dass ich Jahre später diese Rolle zu meinem eigentlichen Beruf machen konnte. Schlüssel hierzu war meine Erfahrung, dass eine Investition von wenigen Minuten so viel Entwicklung möglich macht, dass Mensch und Unternehmen noch Jahre später davon profitieren können.

Das ist die große Stärke des coachenden Führungsstils. Er nutzt die Chancen zur Entwicklung von Mensch und Organisation und macht aus entwicklungsbereiten Mitarbeitern hoch motivierte und selbstständig handelnde Leistungsträger un-

Der Coach versteht es, individuelle Ziele mit den Zielen des Unternehmens in Einklang zu bringen

ter einer offenen, beratenden Führung. Der Coach versteht es, individuelle Ziele mit den Zielen des Unternehmens in Einklang zu bringen. Dieser Stil erfordert von Ihnen eine hohe Führungskompetenz, Menschenkenntnis und besonderes psychologisches Verständnis, denn er ist nicht für jeden Mitarbeiter anwendbar. Bei stark reaktiven und unselbstständigen Personen werden Sie als Coach kaum große Veränderungen erzielen können.

4.3.1 Der Statuskonflikt zwischen Respekt und Vertrauen

Schon in der Schule haben mich die allwissenden Lehrer mit ihrer pädagogischen Unfähigkeit genervt. Mein Mathelehrer zum Beispiel war ein anerkannter Spezialist auf seinem Gebiet, aber er konnte es uns nicht vermitteln. Er saß so hoch auf seinem Ross, dass es ihm unmöglich war, uns die kleinen Schritte zu erklären, die es ermöglicht hätten, uns langsam der höheren Mathematik zu nähern. Ganz anders ein Referendar, den wir für wenige Wochen genießen durften. Sein noch ungewohnter Umgang mit uns Schülern und unserer fragwürdigen Lernbereitschaft führte zu kaum begreifbaren Erfolgserlebnissen und persönlichen Lichtblitzen in diesem trockenen Fach.

Er war unserem etablierten Mathe-Genie fachlich sicherlich unterlegen, aber sympathischer und menschlicher als dieses. Er war wenige Jahre älter als wir, fast noch einer von uns. Seine Schulzeit war ihm noch präsent, er verstand unsere Probleme und nutzte die eigene Unsicherheit seiner aktuellen Lernphase, sich in uns einzufühlen. Das plötzliche gegenseitige Verständnis gab uns die Chance zu weit reichenden Erkenntnisschritten.

Es beruhigte mich damals ungemein, zu erkennen, dass mir die Menge an persönlichem Wissen nichts nützt, wenn ich aus einem Überlegenheitsgefühl heraus vergesse, mit meinen Mitmenschen in Beziehung zu treten. Der junge Referendar hatte unsere Sympathien, weil er sein Wissen nicht missbraucht hatte, sondern sich auf unsere Ebene einließ, um uns in seine Tricks einzuweihen. Plötzlich war er uns Vorbild, weil nur einen kleinen Schritt voraus. Der kleine Erfolg war für uns greifbar geworden. Der Referendar als Mensch hatte uns motiviert und Mut gemacht. Der allwissende Mathelehrer dagegen war demotivierend, weil unerreichbar für uns.

In der Rolle der Führungskraft und des Coaches können wir einiges daraus ableiten. Jeder Entwicklungsschritt, jede Veränderung in der Berufswelt konfrontiert den Mitarbeiter mit einer schier unverdaulichen Menge an neuen Informationen, Eindrücken und Herausforderungen. Zu erkennen, wie wenig man weiß und wie schwer es ist, das Wenige, was man weiß, anzuwenden, frustriert die Mitarbeiter und lässt sie leicht resignieren. Die Führungskraft mit ihrem Wissensvorsprung ist automatisch im Hochstatus. Der zu entwickelnde Teilnehmer hat einen gehörigen Respekt vor seinem Chef und den neuen Aufgaben. Solange Sie als Führungskraft aber in Ihrem Hochstatus verharren, bleibt der Lerneffekt gering. Zu groß ist die Distanz zu Ihnen. Veränderung braucht aber Vertrauen und Vorbilder, die greifbar sind.

Die Führungskraft mit ihrem Wissensvorsprung ist automatisch im Hochstatus und baut so Distanz zu den Mitarbeitern auf

Als Seminarleiter eines Selbsterfahrungstrainings bin ich in einer ganz ähnlichen Rolle. Als Wissensvermittler bin ich ganz selbstverständlich im Hochstatus, aber solange ich diesen Status ausspiele, ist der Lerneffekt gering. Die stärksten Momente im Training sind die Augenblicke, in denen ich meinen Hochstatus verlasse und die Teilnehmer an meinen eigenen menschlichen Entwicklungsschritten teilhaben lasse. Der Moment, in dem ich zu meinen Schwächen stehe, die kleine Anekdote, die zeigt, wie ich mit persönlichen Problemen umgehen lerne, verschafft mir die notwendige Sympathie, die nur entstehen kann, wenn ich die Maske der Überlegenheit ablege.

Indem meine persönliche Entwicklung greifbar wird, gewinnen die Teilnehmer das Vertrauen in die eigene Veränderungsfähigkeit. Das wirkt oft so befreiend, dass sich die Anspannung in lautem Lachen löst oder alle sich emotional berührt fühlen. Das sind dann ganz wertvolle Momente des Vertrauens und der Glaubwürdigkeit, die positive Perspektiven schaffen.

Auch als Führungskraft im Business befinde ich mich in der Regel gegenüber meinen Mitarbeitern im Hochstatus. Das ist notwendig zur Aufrechterhaltung von Respekt und Anerkennung und zur Sicherung meiner Funktion und Position. Wenn ich aber in dieser Rolle verharre und es mir nicht gelingt, in den wenigen wichtigen Momenten in Beziehung zu meinen Mitarbeitern zu treten, verscherze ich mir die nötigen Sympathien, die ich für deren Entwicklung und die Entwicklung meines Bereiches benötige.

Die Statusposition aufgeben und in bestimmten Momenten in menschliche Beziehung zu den Mitarbeitern treten

Als Führungskraft zum verständnisvollen Vorbild werden

Die Führungskraftt als Coach hat ihre Mitarbeiter in ihrer Entwicklung zu begleiten und zu unterstützen. Dieses Rollenverständnis erfordert es, den Sockel des Hochstatus von Zeit zu Zeit zu verlassen und auf Augenhöhe mit dem Kollegen zu kommunizieren. Nicht von oben herab, sondern als väterlicher Begleiter oder mütterliche Begleiterin, die eigene Fehler und Schwächen als Lernfelder einzugeben verstehen. So wird die Führungskraft zum verständnisvollen Vorbild.

Ja, ich gehe sogar so weit, zu behaupten, dass die Bereitschaft, den Hochstatus zu verlassen, heute zu den wichtigsten Fähigkeiten einer guten Führungskraft zählt. Wer bereit ist, vom Sockel des Vorgesetzten herabzusteigen, beweist sein Selbstvertrauen und zeigt, dass er auch auf einer menschlichen Ebene bestehen kann. Das macht letztendlich den Unterschied zwischen einem Vorgesetzten und einer glaubwürdigen Führungskraft.

Wann ist es sinnvoll, die Distanz zu meinen Mitarbeitern aufzugeben?

Wann ist es sinnvoll, die Distanz zu meinen Mitarbeitern aufzugeben? Wann schade ich mir und meiner Funktion? Und wie finde ich die Sicherheit, den passenden Moment zu treffen? Ich glaube, dafür gibt es kein Patentrezept. Jeder muss diese Momente situativ und aufgrund seines individuellen Charakters erspüren und annehmen. Ich habe für mich die Faustregel: Wenn ich das Gefühl habe, Teilnehmer oder Mitarbeiter abholen zu müssen. Das heißt, immer dann, wenn ich spüre, dass die Distanz zu groß wird, dass ich nicht verstanden werde, dass ich Menschen überfordere oder Konflikte im Entstehen sind, gehe ich auf Menschen zu und zeige mich.

Anregungen für Methoden, die Distanz aufzugeben

Die Methoden dazu sind ebenso vielfältig wie individuell. Hier nur einige wenige Anregungen:

- Die einfache Entschuldigung für das eigene Handeln ist die direkteste Form, vom Sockel zu steigen und Sympathie zu gewinnen, aber nicht die leichteste. Sie erfordert ein gutes Standing und Selbstbewusstsein, aber sie bewirkt Wunder.
- Manchmal reicht schon eine Veränderung der Körpersprache: Ein entschuldigendes Schulterzucken, eine übertriebene Abwehrhaltung mit den Armen, ein Schritt zurück dürfen auch einmal komisch wirken und signalisieren nonverbal: *„Ich hab das nicht gewollt. Das nehme ich zurück."* Oder: *„O.k. – nochmal von vorn."*

- Die humorvolle Intervention kann kritische Situationen schnell entkrampfen, wenn sie selbstkritisch und nicht zynisch wirkt: *„Das war jetzt etwas zu viel verlangt, oder?“ „Manchmal bin ich so schnell, da verstehe ich mich selbst nicht.“ „Da bin ich wohl ins Fettnäpfchen getreten!“ „Oh, da bin ich jetzt nicht drauf vorbereitet.“* Solche Bemerkungen schaffen wieder Raum für den konstruktiven Dialog.
- Die Solidarisierung mit dem Distanzpartner signalisiert: *„Ich bin einer von euch.“ „Mir geht es ähnlich wie euch.“* Sie ist besonders geeignet, wenn sich Mitarbeiter überfordert fühlen und motiviert werden müssen. Das geht am besten, indem Sie die eigenen Schwächen zugeben, eigene Niederlagen als Lernbeispiel bringen oder die eigenen Ängste thematisieren. Nur darf man sich hier nicht auf destruktive Ebenen herablassen.

4.3.2 Menschenkenntnis und Persönlichkeitsmodelle

Besondere Menschenkenntnisse sind für jede Führungskraft von Vorteil, aber bei keinem Führungsstil kommt es so sehr darauf an, die Persönlichkeit eines Mitarbeiters zu verstehen, wie in der Rolle des Förderers und Coach. Obwohl die Bedürfnisse und Wesenszüge des Mitarbeiters für dessen Entwicklung maßgeblich bleiben sollten, ist es doch erforderlich zu erkennen, ob ein Mitarbeiter von seinem Wesen her eher zur Selbstüberforderung neigt oder vielmehr dazu, sich übermäßig zu schonen und sich zurückzunehmen.

Die Führungskraft als Coach muss ein Gespür dafür entwickeln, wie sie auf unterschiedliche Menschen eingehen kann

Die einen gilt es, vor ihrem eigenen Ehrgeiz oder Pflichtbewusstsein zu schützen und sie zu bremsen, die anderen eher zu bestätigen und anzutreiben. Als Führungskraft muss ich also ein Gespür dafür entwickeln, wie ich auf unterschiedliche Menschen eingehen kann und wie ich sie in ihrem Wesen erreiche. Oberflächlich gesehen halten wir uns meist an eine intuitive Faustregel: Mitarbeiter mit kräftiger Statur fordern wir in der Regel stärker, weil wir sie für belastbarer halten als die Kollegen mit eher zarterem Körperbau, die wir lieber schonen. Das ist im ersten Ansatz vielleicht nicht falsch, greift aber auf Dauer zu kurz.

Das bioenergetische Persönlichkeitsmodell von Alexander Lowen (vgl. Kap. 4.1.1) liefert weit reichende Erkenntnisse, mit denen ich kompetenter und zielführender auf meine Mitarbeiter eingehen und ihnen die stimmige Unterstützung für ihre Entwicklung geben kann. Lowen beschreibt fünf Grundcharaktere, die sich nicht nur in ihrem Verhalten und ihrer Einstellung unterscheiden, sondern auch in ihrer Physis (Lowen, 2008).

Die Persönlichkeitstypen nach Lowen

Wir nennen sie Analytiker, Kommunikator, Entscheider, Verlässlicher und Erfolgreicher (siehe S. 104).

Analytiker sind eigenwillige Forscher und brauchen herausfordernde Sonderaufgaben

Kommunikatoren brauchen eine sensible Führung und viel Rückendeckung

Gegen Entscheider muss man sich behaupten können

Verlässlichen helfen, für sich selbst zu sorgen und gleichzeitig ihre Vielseitigkeit und Flexibilität herausfordern

- Der Analytiker ist ein kreativer Einzelgänger von eher zarter bis zerbrechlicher Statur. Seine Stärken sind Analyse, Strategie und geistige Unabhängigkeit. Andererseits ist dieser Typ schwer integrierbar, praxisfern und kann andere kaum inspirieren. Analytiker sind eigenwillige Forscher und brauchen herausfordernde Sonderaufgaben. Wer sie fördern will, sollte ihnen ihren Freiraum zubilligen und sie nicht unter Druck setzen. Zwischenmenschlich wirken sie oft kalt und hilflos, aber an kniffligen Aufgaben können sie eine große Zähigkeit entwickeln.
- Der Kommunikator ist ein eher schlanker als zarter Typ. Zwischenmenschlich ist er das Gegenteil zum Analytiker. Seine Stärke ist es, Beziehungen zu knüpfen, andere zu begeistern oder zu verkaufen. Er ist der geborene Teamplayer, anpassungsfähig, verständnisvoll und besonders emotional. Seine Schwächen sind geringe Eigenständigkeit und Konfliktscheue. Kommunikatoren brauchen sensible Führung und viel Rückendeckung. Sie wollen gefördert werden und oft muss man ihnen Entscheidungen abnehmen.
- Der Entscheider ist in seinem Verhalten das Gegenstück zum Kommunikator. Er ist dynamisch, konfliktbereit, entscheidungsstark und machtbewusst. Eigeninitiative und Durchsetzungskraft machen ihn zu einem oft erfolgreichen Manager. Andererseits ist er misstrauisch, rücksichtslos und wenig anpassungsfähig. Wer ihn fördern will, muss sich gegen ihn behaupten können und bereit sein, ihn hart in seine Schranken zu weisen. Entscheider sind Menschen, die etwas zu sagen haben wollen und ihren eigenen Verantwortungsbereich brauchen.
- Der Verlässliche ist ebenso anpassungsfähig wie der Kommunikator, aber von kräftiger, eher beleibter Statur. Pflichtbewusstsein, Disziplin und Belastbarkeit sind seine Stärken. Verlässliche sind ausdauernde Realisierer. Ihre Schwächen sind Schwerfälligkeit und Sturheit, oft sind sie

	Der Analytiker	Der Kommunikator	Der Entscheider	Der Verlässliche	Der Erfolgreiche
Rollenbeschreibung	Analytiker sind **Quelle origineller Lösungen**. Sie liefern Ideen und Strategien, mit denen die Gruppe neue Projekte und Problemlösungen entwickeln kann.	Kommunikative sind **interne Förderer**. Sie unterstützen die Teammitglieder in ihren Stärken, verbessern die Kommunikation und fördern den Teamgeist.	Entscheider sind **gute Manager**, sie wollen etwas bewegen und mit Druck nach vorne bringen. Ihre Aufmerksamkeit gilt dem Setzen von Zielen und Prioritäten. Sie versuchen Einfluss zu nehmen.	Verlässliche sind **effektive Realisierer**. Sie setzen Konzepte und Pläne in praktische Abläufe um und erledigen, was getan werden muss.	Erfolgreiche sind **ehrgeizige Leistungsträger**. Sie sind ausdauernd und hart gegen sich selbst, stellen Lösung und Leistung in den Mittelpunkt ihres Lebens.
Stärken, Potenziale	kreativ bis genial, hoch sensibel, intuitiv, oft spirituell, scharfsinnig, individualistisch, unabhängige oft unorthodoxe Meinung, großes Denkvermögen, strategisch, gute Beobachter	Teamplayer, verständnisvoll, sanft, empfindsam, fantasievoll, können andere von Ideen begeistern, oft gute Verkäufer, anpassungsfähig, flexibel, neugierig, kritikfähig, hoch emotional	dynamisch, aufgeschlossen, hohe Eigeninitiative, Produktivität, entscheidungsstark, selbstsicher, durchsetzungsstark, konfliktbereit, bekämpfen Trägheit und Ineffizienz, machtbewusste Krisenmanager	hart arbeitend, selbstdiszipliniert, anpassungsfähig, sorgfältig, gewissenhaft, pflichtbewusst, berechenbar, ordentlich, humorvoll, ausdauerend, überlegen in Krisen, Resistenz gegenüber Beeinflussung	starkes Ich, ehrgeizig, stolz, leistungsorientiert, selbstsicher, greifen neue Ideen auf, reagieren auf Herausforderungen, risikofreudig, kooperativ, loyal,energiegeladen, lebendig, sportlich, verantwortlich
Schwächen	Eingenbrötler, Mangel an Antrieb, können andere schwer inspirieren, oft geistig abwesend, distanziert, neigen dazu, praktische Details und Anweisungen zu missachten	häufige Stimmungsschwankungen, unselbstständig, konfliktscheu, wenig Ausdauer, unter Druck nicht entscheidungsfähig, geringe Präsenz	herrschsüchtig, misstrauisch, neigen zu Provokationen und Unaufmerksamkeit, manipulativ, rücksichtslos, keine guten Teamplayer	unflexibel, schwerfällig, wenig kreativ, lehnen unbewiesene Ideen ab, wehleidig, nachtragend, unterwürfig, oft hinterhältig	überkontrolliert, penibel, übervorsichtig, harte Schale, können schlecht delegieren, oft kühl und distanziert
Führungsverhalten	Führung in Einsamkeit	kommunikativer Stil	Durchsetzungskraft	Verlässlichkeit, Sicherheit gebend	kooperativer Stil, Klarheit
Stressstrategie	Flucht, sich tot stellen	Hilfe holen	manipulierend, Delegieren	Verzögern, Abwarten, Aussitzen	schneller machen
Ängste	vor emotionaler Nähe, Berührung, und zu viel Gefühl	vor Zurückweisung, Unabhängigkeit und Eigenständigkeit	vor Abhängigkeit, Unterwerfung, Loslassen und Entspannen	vor Erniedrigung, Schuld, Scham und Verantwortung	vor Verletzungen, Schmerzen und Niederlagen
Selbstbild	„Mit mir ist etwas verkehrt."	„Ich kann nicht alleine sein."	„Ich lasse mich nicht einschränken."	„Ich muss behagen."	„Ich muss eine gute Figur machen."
Glaubenssätze	„Mein Geist ist mein Wesen."	„Es ist niemand für mich da."	„Erfolg ist Willenssache."	„Ich mache alles falsch."	„Es gibt immer etwas zu tun."

Die fünf Charaktertypen nach Lowen

nachtragend und wehleidig, suchen aber selten die Konfrontation. Wer sie fördern will, muss ihnen helfen, für sich selbst zu sorgen und gleichzeitig ihre Vielseitigkeit und Flexibilität herausfordern.

- Der ERFOLGREICHE ist ein ehrgeiziger und stolzer Leistungsträger von sportlicher Statur. Er ist risikofreudig, kooperativ, verantwortungsbewusst und lösungsorientiert. Seine Schwächen sind Penibilität und Überkontrolliertheit, weshalb er nicht gut delegieren kann. Erfolgreiche sind loyale Mitarbeiter, die über ihren Stolz und Ehrgeiz gut zu führen sind. Wer sie fördern will, muss ihnen immer neue, herausfordernde Aufgaben bieten und ihnen helfen, nicht alles zu eng zu sehen.

Erfolgreichen neue, herausfordernde Aufgaben bieten und ihnen helfen, nicht alles zu eng zu sehen

Die fünf Charaktertypen kommen selten in reiner Form vor, vielmehr tragen alle Menschen mehrere Wesenszüge in sich. In Stresssituationen zeigen sie aber den Kern ihrer Persönlichkeit. Dann ziehen sie sich zurück, suchen die Hilfe anderer, werden aggressiv, warten ab oder arbeiten noch schneller. Die wichtigsten Potenziale jedes Mitarbeiters liegen darin, die Schwächen ihres individuellen Profils zu überwinden und die ergänzenden Wesenszüge zu entwickeln:

- Der ANALYTIKER muss lernen, in Beziehung zu treten.
- Der KOMMUNIKATOR sollte konfliktfähiger werden.
- Der ENTSCHEIDER muss rücksichtsvoll werden.
- Der VERLÄSSLICHE sollte seine Flexibilität entwickeln.
- Der ERFOLGREICHE muss mehr seine weiche Seite leben.

Bitte versuchen Sie nicht, Ihre Mitarbeiter mithilfe dieses Modells in Schubladen zu stecken

Bitte versuchen Sie nicht, Ihre Mitarbeiter mithilfe dieses Modells in Schubladen zu stecken. Wer glaubt, seine Mitmenschen damit besser manipulieren zu können, wird daran sicher scheitern. Aber mit etwas psychologischem Gespür für die persönlichen Wesenszüge Ihrer Mitarbeiter und einiger Erfahrung kann das bioenergetische Modell eine große Hilfe sein, Ihre Mitmenschen und deren Einstellung besser zu verstehen und sie bei ihrer Entwicklung zu unterstützen.

4.3.3 Blickwinkel und Horizonte erweitern helfen

Ein langjähriger Freund von mir ist Psychologe und Coach. Wie vielen Psychotherapeuten fällt es auch ihm schwer, Beruf und

Privatleben zu trennen, weil er ständig seine Mitmenschen analysieren muss und er sie gerne durch sein widersprüchliches Verhalten provoziert. Auch mich lässt er selten so sein, wie ich bin, sondern kontert meine Überzeugungen gern mit Gegenargumenten und hatte schon aus Prinzip immer eine andere Meinung als ich. Wir machen uns oft einen Spaß daraus, aber gelegentlich ist es auch nervig.

An einem warmen Sommertag hatten wir ihn und seine Freundin zu Kaffee und Kuchen eingeladen. Als beide eintrafen, waren wir gerade dabei, das Geschirr in den Garten zu tragen und er bot sich an, den runden Pflaumenkuchen anzuschneiden. Nun wusste er, dass ich diesen Job gern selbst übernehme und aus einer Familie stamme, in der das gerechte Teilen von Süßigkeiten wie Kuchen bis zur Perfektion betrieben wurde. Weil jeglicher Streit zwischen uns Brüdern vermieden werden sollte, musste ein Kuchen in meiner Familie exakt in zwölf gleichgroße Stücke geteilt werden, jedes selbstverständlich in einem perfekten Winkel von 30 Grad.

Nichts ahnend überließ ich meinem coachenden Freund das Messer. Er führte es wie eine Machete und hieb den Kuchen mit vier groben Schnitten in völlig unterschiedlich große Teile, von denen das kleinste auf eine Kuchengabel passte, das größte ca. ein Drittel des Kuchens ausmachte. Ich wollte mich gerade beschweren, da zog er das größte Stück zu sich auf den Teller, grinste und wünschte uns einen guten Appetit. Ich war kurz davor aufzuspringen und ihn rauszuschmeißen. Was erdreistete er sich, die Regeln von Anstand und Höflichkeit dermaßen zu missachten? Warum wollte er mir mit solcher Rücksichtslosigkeit und solchem Egoismus den schönen Tag verderben? In mir spürte ich einen Gefühlscocktail aus Wut, Verletztheit und Missgunst. Aber ich beruhigte mich schnell wieder, weil er nur mit Mühe sein Riesenstück aufbekam. Es gab keinen wirklichen Grund, gleich große Stücke zu schneiden. Jeder konnte essen so viel er wollte, es war genug für alle da. Es gab keinen Grund mich aufzuregen, es sei denn, ich wollte für die Normen meiner Erziehung und die Werte meiner Eltern wieder in einen längst vergangenen Krieg ziehen.

Heute muss ich oft über diese Geschichte lächeln, hat sie mir doch gezeigt, wie oft ich mich in meinem täglichen Denken und Handeln selbst begrenze, ohne es zu merken. Durch unsere

Erziehung und unsere Gewohnheiten laufen wir wie auf Schienen und merken nicht mehr, welche Chancen wir rechts und links an uns vorbeiziehen lassen. Natürlich geht es nicht darum, den Kuchen in Zukunft nur noch in ungleiche Stücke zu teilen – das tue ich bis heute nicht. Es geht darum zu begreifen, dass unsere Welt nicht da aufhört, wo unsere Erfahrungen und Gewohnheiten enden, sondern dass jenseits unseres Mikrokosmos die Welt erst beginnt.

Unsere Welt hört nicht da auf, wo unsere Erfahrungen und Gewohnheiten enden

Der Mensch ist ein Gewohnheitstier. Die meisten haben nie ausprobiert, was passiert, wenn sie den Kuchen in unterschiedlich große Stücke schneiden. Ihr Leben ist mit einem Saal vergleichbar, in dem es 100 Türen gibt.

- Die meisten der Türen bleiben ein Leben lang verschlossen, weil ihre Erziehung ihnen den Zutritt verboten hat *(„Das kannst du nicht." „Das ist nichts für dich.")*.
- Einige Türen haben sie in ihrem Leben schon einmal geöffnet, aber der angrenzende Raum war dunkel und sie haben sich nicht getraut, hineinzugehen.
- Hinter einigen Türen haben sie im Laufe ihres Lebens einmal schlechte Erfahrungen gemacht und diese Räume wollen sie nicht mehr betreten.
- Bleiben nur noch wenige Türen, die sie gewohnheitsgemäß nutzen. Vielleicht sind es fünf Türen, wenn es hoch kommt sind es zehn. Diese Türen machen ihr Leben aus. Ohne Unterstützung von außen vermeiden die meisten Menschen, hinter die anderen Türen zu schauen, sie können ihre Selbstbeschränkung nicht allein überwinden, ihren Lebensraum nicht erweitern.

In der Rolle des Coach setzen Sie als Führungskraft genau hier an. Wenn Sie einen Mitarbeiter entwickeln wollen, dann ist es Ihre Aufgabe, ihm immer wieder aufzuzeigen: Es gibt viel mehr Optionen in deinem Leben als die Türen, die du bisher genutzt hast. Ich zeige dir, welche Möglichkeiten es gibt. Du entscheidest dich, welche Tür du ausprobieren willst.

Als Coach öffnet die Führungskraft ihren Mitarbeitern neue Türen

Der Coach begleitet den Mitarbeiter in seiner Entwicklung, er gibt ihm Sicherheit, nimmt ihm die Angst, beleuchtet einen Raum, der bisher dunkel schien, aber er zwingt ihn nicht, durch eine Tür zu gehen. Die Entscheidung muss jeder Mitarbeiter selbst treffen.

Der neue Raum entspricht vielleicht einer neuen Verantwortung, einer neuen Position im Unternehmen. Es dauert seine Zeit, bis man sich dort zurechtfindet. Mit Ihrer Unterstützung als Coach ist das viel leichter. Vielleicht fühlt sich der Mitarbeiter hier wohler als zuvor, die neuen Aufgaben machen ihn stärker und selbstbewusster. Auch dieser Raum hat viele unbekannte Türen, hinter denen sich weiteres Neuland befindet. Menschen wachsen mit ihren Aufgaben.

Für die Rolle des Coach ist es wichtig, eine besondere Menschenkenntnis und Methodenkompetenz entwickelt zu haben. Sie dürfen den Mitarbeiter fordern, aber nicht überfordern. Dazu ist notwendig, dass es ihnen gelingt, die eigenen Ansprüche von den Bedürfnissen des anderen zu trennen. Sie dürfen die Räume aufzeigen, die notwendigen Schritte muss jeder selbst tun.

Es ist notwendig, die eigenen Ansprüche von den Bedürfnissen des anderen zu trennen

4.4 Führen durch Fordern

Führen als ausgewogene Mischung aus Geben und Nehmen

„Fordern und Fördern" bekomme ich häufig zur Antwort, wenn ich nach den primären Aufgaben einer Führungskraft frage, und man will damit ausdrücken, dass die Tätigkeit des Führens aus einer ausgewogenen Mischung aus Nehmen und Geben bestehen sollte. Auch die moderne Managementlehre des „Management by Objectives" sucht im Zielvereinbarungsgespräch die Balance zwischen Fordern und Fördern zu erreichen (vgl. Kap. 1.7).

Viele Vorgesetzte werden angehalten, sich entsprechend dieser Vorgaben zu verhalten. Tatsache ist aber, dass das Fördern in der Praxis gern vergessen wird oder einfach zu kurz kommt und das Fordern den beruflichen Alltag dominiert. Wir können heute davon ausgehen, dass das Fordern der wohl am häufigsten angewandte und gewohnteste aller emotionalen Führungsstile darstellt.

Das Fordern dominiert den beruflichen Alltag

Diese Art der Führung ist immer dann erfolgreich, wenn möglichst viele der folgenden Bedingungen erfüllt sind:

- homogene Teams aus fachlich kompetenten, möglichst gleichwertig qualifizierten Mitarbeitern
- junge, hoch motivierte, ehrgeizige und/oder karrierebewusste Kollegen
- junge oder noch nicht gesättigte Märkte, die ein konstantes und regelmäßiges Wachstum möglich machen

Solange sich Produktivität und Leistung steigern lassen, schafft das Fordern eine dynamische Atmosphäre des sportlichen Wettstreites, die alle Beteiligten zu ganz außergewöhnlichen Leistungen bewegen kann. In Phasen des Erfolges können Teams zu maximalen Höchstleistungen angespornt werden und wachsen in der Euphorie oft über sich selbst hinaus.

Wenn die Leistungssteigerung und damit die Erfolge ausbleiben, stößt dieser Führungsstil an seine Grenzen

Nur wenn die Leistungssteigerung und damit die Erfolge ausbleiben, stößt dieser Führungsstil an seine Grenzen. Vereinbarte Ziele und Kennzahlen, die nicht mehr erreicht werden können, müssen die Mitarbeiter auf Dauer frustrieren und machen aus den Erfolgreichen von gestern die zukünftigen Verlierer. Leistungsdruck und Konkurrenzkampf verdrängen die lustvolle Dynamik und der Spaß wird zum Existenzkampf. Bald wird das Teamgefühl geopfert, die schwächeren Teammitglieder steigen aus oder werden aussortiert. Das Team bricht auseinander.

Der Führungsstil des Forderns fordert auch von der Führungskraft ein hohes Maß an Sozialkompetenz und Entwicklungsbereitschaft, um auf unterschiedliche Mitarbeiter und auf unbewegliche Märkte zielführend eingehen zu können. Ehrgeiz und Leistungsbereitschaft sollten nicht nur durch Wettbewerb und materielle Vorteile, sondern auch durch eine positive Arbeitsatmosphäre gefördert werden:

Eine positive Arbeitsatmosphäre fördert die Leistungsbereitschaft

- Die Mitarbeiter werden über die Ziele offen informiert und von deren Bedeutung für die Gemeinschaft emotional begeistert. So kann die Führungskraft eventuelle Widerstände schon im Vorfeld thematisieren und auszuräumen versuchen.
- Eine Atmosphäre des spielerischen Wettkampfes kitzelt den natürlichen Ehrgeiz der Mitarbeiter. Die Führungskraft sollte einer ernsten Stress- oder Drucksituation somit eine eher lustvolle Leichtigkeit geben, um eventuelle Befürchtungen zu minimieren und die Freude aller zu stärken.
- Auftretende Schwierigkeiten oder individuelle Fehler werden als gemeinsame Herausforderung lösungsorientiert behandelt. Die emotional kompetente Führungskraft beschäftigt sich nie mit Schuldzuweisungen, sondern motiviert ihre Mitarbeiter, Fehler als notwendigen Schritt zu einer konstruktiven Lösung zu verstehen und gemeinsam zu tragen.
- Niederlagen und Rückschläge sind dementsprechend als notwendiges, aber den Ehrgeiz und den Trotz weckendes Ereignis zu verstehen. In solchen Momenten hat die Führungskraft

als Vorbild an Frustrationstoleranz zu dienen und den Mitarbeitern Hoffnung und Optimismus vorzuleben.

- Jede Art von Erfolg, auch kleine Zwischenschritte, sind als gemeinsam errungenes Ergebnis zu teilen und zu feiern. Die Führungskraft hat die Leistung jedes Einzelnen wertzuschätzen und darf die Lorbeeren nie für sich allein ernten.
- Jedem Arbeitsprozess, jedem Projekt sollte über seine eigentliche Bedeutung hinaus ein höherer Sinn gegeben werden, mit dem sich die Mitarbeiter identifizieren können. Echte Motivation entsteht nicht aus dem reinen Zweck des Geldverdienens heraus, sondern vornehmlich aus dem höheren Wert, den ich einer Arbeit gebe (vgl. Kap. 4.6).

Seine Mitarbeiter zu fordern, ist ein wichtiger Schwerpunkt des emotionalen Führens. Am erfolgreichsten ist dabei derjenige, der anderen selbstsicher und optimistisch als Vorbild dienen kann. Um das zu erreichen, sollte man alles, was man tut, mit vollem Engagement und voller Überzeugung angehen. Wer immer nur fordert, aber selbst nicht an die Sache glaubt, also im Moment seines Handelns nicht präsent ist, wird seine Mitarbeiter auf Dauer nur frustrieren. Er entzieht seinen Mitarbeitern die Freude an ihrem Tun und erschwert den gemeinsamen Erfolg. Erst die innere Überzeugung entfacht das Feuer der Leidenschaft, und die macht Lust auf mehr.

4.4.1 Sich und andere überzeugen können

Es gibt Situationen, da bin ich spontan von etwas begeistert: Ein wunderschön angelegter, blühender Garten, das gelungene Design eines neuen Autos oder der harmonische Ausklang eines Konzertes, das sind Eindrücke, die mich emotional berühren und deshalb für mich absolut überzeugend sind.

In beruflichen Angelegenheiten, vor allem wenn sie langfristige Auswirkungen mit sich bringen, bin ich nicht so schnell zu überzeugen, weil ich mich nicht von der spontanen Begeisterung des Moments abhängig machen kann. Ich weiß aus Erfahrung, eine tragfähige Lösung beweist sich erst in den zahlreichen Anforderungen der Zukunft, für die ich im Moment noch kein Gefühl erspüren kann. Also mache ich mich daran, mir meine Überzeugung oft mühsam zu erarbeiten. Die Investition in einen neuen Computer, das Design eines Persönlichkeitstrainings oder das Schreiben dieses Buches ist für mich mühsame Detailarbeit auf der Suche nach emotionaler Sicherheit.

Abhängig von der Bedeutung des Projektes lasse ich mich tage-, wochen- oder monatelang inspirieren, sammle Informationen, recherchiere im Internet, vergleiche technische Daten oder inhaltliche Fakten und gleiche diese mit meinen persönlichen Ansprüchen und Bedürfnissen ab. Durch diese mühselige Puzzlearbeit schaffe ich langsam eine Vorstellung von dem, was ich eigentlich will. Steinchen für Steinchen lasse ich vor meinem inneren Auge ein Bild entstehen, mache Skizzen, wäge Argumente und Gegenargumente ab, korrigiere und optimiere, wechsle die Perspektiven. So lange, bis sich in mir emotional kein Widerstand mehr regt und ich von meiner Vorstellung selbst begeistert bin.

Überzeugung ist für mich eine emotionale Energiequelle. Erst wenn meine letzten Zweifel beseitigt sind, fühle ich mich sicher genug, wichtige Dinge zu entscheiden. Alle sachlichen Informationen, alle rationalen Fakten, alle Kontrollschleifen dienen dabei nur dazu, mir emotionale Sicherheit zu geben. Erst wenn ich mich emotional berührt fühle, kann ich selbstsicher entscheiden und handeln.

Erst wenn ich mich emotional berührt fühle, kann ich selbstsicher entscheiden und handeln

Diese innere Überzeugung gibt mir dann eine lustvolle Energie, meine Entscheidung, meinen Plan oder diese meine Vorstellung auch umzusetzen. Sie sorgt dafür, dass ich auftretende Probleme als Herausforderung verstehe, Schwierigkeiten überwinde und bei Rückschlägen schnell neue Lösungswege finde. Meine innere Überzeugung wird zur Energiequelle, sie trägt mich regelrecht ins Ziel und zum Erfolg.

Ich kann mich nicht entsinnen, dass mir eine Sache, von der ich wirklich überzeugt war, jemals misslungen wäre. Aber ich kann unzählige Situationen schildern, in denen mir etwas misslungen ist, weil ich es getan habe, ohne wirklich überzeugt zu sein. Immer wenn ich von etwas nicht überzeugt bin, beginne ich bei Schwierigkeiten zu zweifeln, lasse mich frustrieren, mache Entscheidungen rückgängig oder gebe auf. Das ist nicht nur wenig Erfolg versprechend, das ist auch höchst demotivierend. Und weil ich es viel angenehmer finde, motiviert und engagiert in den Tag zu gehen, als mich frustrieren zu lassen, kämpfe ich lieber im Vorfeld für meine Überzeugung.

Wenn ich nicht überzeugt bin, kann ich nicht überzeugen. Wer andere von etwas überzeugen will, muss zunächst sich selbst überzeugen können. Alle sachlichen Argumente, technischen Daten, rationalen Fakten können als Hilfsmittel dienen, den anderen die eigene Überzeugung zu vermitteln. Letztendlich sind Argumente aber nur die Stufen, auf denen ich meinen Zuhörer zur gewünschten Begeisterung führe.

Wer andere von etwas überzeugen will, muss zunächst sich selbst überzeugen können

Eine überzeugende Präsentation zum Beispiel entwickelt Chart für Chart eine emotionale Dramaturgie. Jeder Schritt ist selbsterklärend und logisch aufeinander aufgebaut, nicht zu groß und nicht zu klein, damit der Spannungsbogen nicht abreißt. Die Lösung oder Schlussfolgerung am Ende wirkt dann wie die einzig machbare (Er-)Lösung, weil sie die aufgebaute Erwartung befriedigt.

Der oberflächliche Betrachter wird dann sagen: Die Argumente haben mich überzeugt. Wer genau hinschaut, wird feststellen: Der Moderator war überzeugend, weil er uns an seiner Begeisterung hat teilhaben lassen. Er war auf alle Wenn und Aber vorbereitet. Er war bereit, uns zu seiner Überzeugung zu führen. Wir haben die Kraft seiner Begeisterung gespürt.

Menschen lassen sich von Argumenten leiten.
Überzeugen lassen sie sich allein durch Emotionen.

Wir Menschen haben den tiefen Wunsch, uns für etwas begeistern zu können und sind dankbar für jeden, der die Initiative ergreift und uns für eine Idee oder eine Sache zu entzünden versteht.

Auch Persönlichkeit entsteht aus Überzeugungskraft. Als Trainer bin ich ein Dienstleister besonderer Art: Ich verkaufe nicht nur Produkte, von denen ich überzeugt sein muss, ich muss vor allem als Persönlichkeit glaubwürdig sein. Das kann nur funktionieren, wenn ich hinter dem stehe, was ich denke, fühle und darstelle.

Ein Seminarthema, das mich nicht interessiert, eine Trainingsmethodik, die mir wertlos erscheint, ja schon ein unpassendes Seminarumfeld nimmt mir die Glaubwürdigkeit, um zu überzeugen. Nur wenn ich als Persönlichkeit eins bin mit meinem Handeln, kann ich wirklich gut sein.

Je klarer ich meine Ansprüche vertrete, je mehr ich zu meinen Bedürfnissen stehe, je mehr ich meinen Charakter lebe, desto authentischer und bewegender wird das Bild, das ich anderen vermitteln kann. Überzeugung ist das Ergebnis von

Überzeugung ist das Ergebnis von Selbstführung, Glaubwürdigkeit, Wertschätzung und Begeisterungsfähigkeit

Selbstführung, Glaubwürdigkeit, Wertschätzung und Begeisterungsfähigkeit. Letztendlich davon abhängig, wie weit ich zu meinen Bedürfnissen und Gefühlen stehe.

Die Meinung anderer blind übernehmen, falsche Kompromisse machen oder Dinge tun, die wir nicht vertreten können, das steht unserem Erfolg im Weg. Hinter allen großartigen Dingen dieser Welt stehen immer engagierte Persönlichkeiten. Sie sind selten Genies. Aber sie tun ihre Arbeit aus Begeisterung. Und sie verstehen es, für ihre Überzeugung zu kämpfen. Daran müssen wir uns ein Beispiel nehmen.

4.4.2 Spaß, Stolz, Trotz, Wut als Motivationsfaktoren

Ein Beispiel für emotionales Fordern

Es ist ungefähr 15 Jahre her, da hatten wir durch eine Wettbewerbspräsentation den Verkaufsförderungsetat eines internationalen Konzerns gewonnen. Nachdem eine Delegation aus der Europazentrale in London uns inspiziert und für brauchbar befunden hatte, bekamen wir den ersten Auftrag zur Entwicklung eines neuen Produktdisplays inklusive Preisausschreiben für eine Promotion in mitteleuropäischen Baumärkten. Selbstverständlich fiel es mir nicht schwer, meine Mitarbeiter für dieses Projekt zu begeistern. Wir waren alle mächtig stolz darauf, für einen der größten Konzerne der Welt arbeiten zu dürfen, auch wenn es nur ein vergleichsweise kleiner Etat war. Schließlich hatten wir zuvor zwei weit größere Werbeagenturen aus dem Rennen geworfen. Das gab dem ganzen Team den Auftrieb, mit riesigem Enthusiasmus an die Arbeit zu gehen.

14 Tage später präsentierte ich eine Serie gelungener Entwürfe in der Frankfurter Zentrale und kam mit viel Lob und Bestätigung zurück in die heimatliche Agentur. Zwei Tage später, es war Freitagnachmittag, läutete das Telefon und der Produktmanager aus Frankfurt gab mir einige Änderungswünsche für die Promotion bekannt. Nach einem gemeinsamen Meeting in meiner Abwesenheit wünschte man sich alternative Ideen und einen neuen Keyvisual, den visuellen Aufhänger für die Promotion. Da der Termin drängte, sollten die neuen Entwürfe am kommenden Montag, bis 10 Uhr, mit InterCity-Express in Frankfurt eintreffen.

Wir hatten also nur 48 Stunden für die Änderungen zur Verfügung. Ich diskutierte unsere Vorgehensweise mit dem Team und alle waren bereit, ihr Wochenende zu opfern, damit wir das Projekt am Sonntag abschließen konnten. Zu groß war unser Bedürfnis, unsere Leistungsbereitschaft unter Beweis zu stellen. Aber zu dem Gefühl des Stolzes gesellte sich eine weitere Emotion, es regte sich der Ehrgeiz in uns, diese Herausforderung anzunehmen und diesen unmöglichen Termin möglich zu machen. Am Sonntagabend gab ich die fertigen Pappen am Frachtschalter des Bahnhofes ab.

Am darauf folgenden Freitag war es kurz vor 18 Uhr, als der Manager aus Frankfurt erneut anrief, um uns mitzuteilen, dass seine amerikanischen Kollegen darauf bestünden, dass die geplante Promotion unter dem Zeichen des amerikanischen Sternenbanners stehen solle und wir nochmals entsprechende Entwürfe zu liefern hätten. Als Termin für die Änderungen war wieder der Montag, 10 Uhr in Frankfurt, vorgegeben.

Mir blieb nichts anderes übrig, als die Mitarbeiter wieder an den runden Tisch zu bitten und meinen Ärger über diese Verhaltensweise zum Ausdruck zu bringen. Wut und Ehrgeiz waren meine vorherrschenden Gefühle, um ihre Enttäuschung aufzufangen und sie erneut zu motivieren, das kommende Wochenende durchzuarbeiten. Nach wenigen Minuten war die allgemeine Frustration einer trotzigen „Jetzt-erst-recht-Stimmung" gewichen und wir gingen laut fluchend daran, amerikanische Flaggen in die neuen Entwürfe einzubauen. Uns war es gelungen, unsere destruktiven Gefühle in aggressiven Leistungswillen zu verwandeln. So schafften wir es, die dritte Konzeption termingerecht auf den Weg nach Frankfurt zu bringen.

Als am darauf folgenden Freitag das Telefon klingelte, ahnte ich schon, was passieren würde. Und so war es auch. Man bedankte sich in Frankfurt für die termingerechte Lieferung. Es täte allen sehr leid, aber wir müssten bis Montag weitere Änderungen vornehmen, schließlich müsse das Display auch in französischer und spanischer Sprache produziert werden usw. usw. Jetzt nahm das Ganze sehr skurrile Züge an. Dreimalige Änderungswünsche übers Wochenende? Das war weder Zufall noch Dummheit. Das war Absicht. Was hatte ich jetzt noch für Möglichkeiten, meine Mitarbeiter bei der Stange zu halten? Der anfängliche Stolz war verflogen und der Ehrgeiz war der reinen Wut und Enttäuschung gewichen. Was lag näher, als sich zu verweigern?

Intuitiv nahm ich das Ganze mit Humor. Wer so mit uns spielte, musste sich nicht wundern, wenn er nicht ernst genommen wurde. Ich besorgte Sekt und Pizza, um mein schlechtes Gewissen zu beruhigen und uns in Feierstimmung zu bringen, bevor wir uns lästernd und lachend an die Arbeit machten. Mit Tränen in den Augen arbeiteten wir bis spät nachts und malten uns aus, was passieren würde, wenn am nächsten Freitag gegen 18 Uhr wieder das Telefon klingeln würde. Erinnerte es nicht an den Film „Und täglich grüßt das Murmeltier?"

Müde, aber zufrieden kamen am Montag meine Mitarbeiter ins Büro. Sie hatten auf ihre Freizeit verzichtet, um die Termine zu halten. Sie hatten ihre Enttäuschung und ihren Ärger in eine unvorstellbare Leistungsbereitschaft münden lassen. „Diese Art zu arbeiten macht mir mehr Spaß, als die alltägliche Routine," sagte einer von ihnen „das können wir ruhig häufiger so machen!" Ich wollte ihm dazu nicht beipflichten, aber es beruhigte mein Gewissen doch ungemein. Am Nachmittag versuchte ich vergeblich, die Entscheider in Frankfurt zu erreichen. Sie waren bis Donnerstag außer Haus und unsere Arbeit lag unberührt in ihrem Büro. Das Ganze war nicht mehr als ein Belastungstest gewesen, den wir somit bestanden hatten.

Für mich war es ein einmaliges Lehrstück, was Motivation ausmacht. Ein plastisches Beispiel dafür, welche Vielfalt an Emotionen möglich und nötig ist, um ein Team immer wieder aufs Neue anzustacheln und zu noch mehr Leistung anzutreiben. Das ist weder durch Geld noch durch gute Worte zu erreichen, sondern braucht diese fein abgestimmte Mixtur hochprozentiger Gefühle:

Eine fein abgestimmte Mixtur hochprozentiger Gefühle kann ungeahnte Leistungsreserven freisetzen

- EHRGEIZ UND LEISTUNGSWILLE sind die natürlichen Ressourcen eines engagierten Mitarbeiters, auf die ich im Alltag bauen kann, solange die geforderte Leistung das normale Maß nicht überschreitet und ich diese Einstellung als Führungskraft auch pflege und wertschätze.
- SPASS UND FREUDE sind wichtige Faktoren zur Stärkung der Stresstoleranz. In der Führungsverantwortung muss ich dafür sorgen, dass diese Gefühle trotz des erforderlichen Pflichtbewusstseins nicht verloren gehen, sondern gepflegt werden.

- **Stolz** ist das entscheidende Gefühl, um auf bisherigen Erfolgen aufzubauen und weitere Leistungssteigerungen zu erzeugen. Damit sich das Gefühl von Stolz bei allen Mitarbeitern entwickeln kann, muss die Führungskraft den Erfolgen im Team den nötigen Raum geben. Erfolge sind gemeinsam mit den Mitarbeitern zu feiern, damit sich alle damit identifizieren können.
- **Trotz** entsteht durch Missverständnisse oder erste Enttäuschungen, wenn zum Beispiel Leistungen nicht anerkannt werden. Dieses Gefühl kann schnell zu Widerstand oder Resignation führen, wenn es durch die Führungskraft nicht aufgefangen und ins Konstruktive gelenkt wird. Mit einer „Jetzt-erst-recht-Haltung" können Mitarbeiter wieder ins Boot geholt und zu weiteren Leistungssteigerungen geführt werden.
- **Wut oder Trauer** sind Gefühle aufgrund schwerer oder wiederholter Enttäuschungen. Sie äußern sich in aggressivem bzw. depressivem Verhalten und sind für die Führungskraft eine besondere Herausforderung. Einerseits gilt es, jede Form von Passivität und Pessimismus zu verhindern, andererseits müssen Aggressivität und Wut in konstruktive Leistungsbereitschaft umgelenkt werden. Das gelingt nur, wenn die Führungskraft ihre emotionale Verbundenheit mit dem Team zum Ausdruck bringen kann und die gemeinsamen Ziele für alle von großer Bedeutung sind.
- **Humor** ist eines der faszinierendsten und wirkungsvollsten Mittel der Motivation. Im gemeinsamen Lachen finden Teams zu mehr Gemeinsamkeit und überwinden Angst, Schmerz und Frustration. Wenn keine anderen Emotionen mehr greifen, kann man mit Witz, Ironie oder Galgenhumor die Lebensgeister wieder wecken. Am besten geht das, indem man sich über den frustrierenden Gegner lustig macht und ihm so seinen Schrecken nimmt oder in maßloser Übertreibung der eigenen misslichen Lage Gelassenheit und Entspannung wiederfindet.
- Das Gefühl der **Angst** kann nur in Ausnahmefällen zur Warnung an renitente oder widerborstige Mitarbeiter dienen. Die Mehrheit der Arbeitnehmer leidet selbst schon stark unter ihren eigenen Ängsten und wird durch deren Verstärkung nur weiter demotiviert. In Einzelfällen kann es aber ratsam sein, schwerfälligen Kollegen ihre Grenzen aufzuzeigen.

4.4.3 Flow: Die Lust an der Euphorie

Mit dem Begriff „Flow" (engl. fließen) bezeichnen wir das Gefühl des völligen Aufgehens in einer Tätigkeit, also so etwas wie einen Schaffensrausch, der eine überdurchschnittliche Leistungsfähigkeit mit einem gleichzeitigen starken Glücksgefühl verbindet. Langstreckenläufer beschreiben das Phänomen gern als Gefühl des „Getragenwerdens", mit dem man

Im Zustand des Flow können wir scheinbar mühelos Leistung abrufen

scheinbar mühelos seine Leistung abrufen kann. Zunächst konzentrierte sich die Flow-Forschung auf Sportarten, die besondere Ausdauer und eine hohe Koordinationsfähigkeit erfordern. Inzwischen wird der Begriff aber auch für rein geistige Aktivitäten genutzt.

Flow entsteht bei der Steuerung eines komplexen, schnell ablaufenden Geschehens im Bereich zwischen Überforderung und Unterforderung. Der Flow-Zugang wird sehr individuell wahrgenommen. Dennoch gibt es allgemeine Beobachtungen und Prinzipien, die immer gelten.

Der Psychologe und Flow-Forscher Mihaly Csikszentmihalyi beschreibt sieben Schritte, von denen die ersten drei zwingende Voraussetzung für ein Flow-Erlebnis darstellen, die übrigen vier mögliche, subjektive Flow-Erfahrungen sind:

1. Wir verfolgen mit der Aktivität klare Ziele.
2. Wir können uns auf diese Aktivität voll konzentrieren.
3. Anforderung und Fähigkeit stehen in ausgewogenem Verhältnis. Das heißt, wir sind durch die Tätigkeit weder gestresst noch gelangweilt.
4. Wir haben das Gefühl von Kontrolle über die Aktivität.
5. Wir erleben ein Gefühl der Mühelosigkeit.
6. Wir verlieren das Gefühl für die Zeit.
7. Handlung und Bewusstsein verschmelzen.

Optimale Koordination von Gefühl und Verstand, die zu einem rauschähnlichen Zustand der Euphorie führt

Die Wirkung des Flow entsteht bei einer optimalen Synchronisation von Herzschlag, Atmung und Blutdruck. In diesem Zustand besteht völlige Harmonie zwischen dem limbischen System, der emotionalen Zentrale unseres Gehirns, und dem Neokortex, dem Sitz unseres Bewusstseins. Der Flowzustand entspricht demnach der optimalen Koordination von Gefühl und Verstand, die zu einem rauschähnlichen Zustand der Euphorie führt.

Damit ist das Flow-Phänomen sowohl für die Arbeitszufriedenheit als auch für die Leistungssteigerung von Teams von besonderem Interesse. Wenn es gelingt, ein Team zumindest zeitweise in den Zustand des Fließens zu bringen, können die Mitarbeiter nicht nur herausragende Leistungen abrufen, sie werden zusätzlich auch durch die gemeinsamen Glücksgefühle belohnt. Nur im Flow sind Höchstleistungen möglich, ohne dass dies dauerhaft auf Kosten der Gesundheit von Mitarbeitern geht, weil die Arbeit stressfrei und somit nicht als belastend erlebt wird.

Solche Flow-Erlebnisse sind nicht zu erzwingen. Als Führungskraft trägt man aber die Verantwortung, die Arbeitsatmosphäre und die Rahmenbedingungen so zu gestalten, dass ein Arbeiten im Flow möglich wird.

Flow-Erlebnisse sind nicht erzwingbar, die Rahmenbedingungen sollten sie aber ermöglichen

- Alle Ablenkungen und Störungen (lautes Reden, Telefon, andere Sinneseindrücke), die die Konzentration auf die Tätigkeit erschweren, sind auszuschließen.
- Alle Beteiligten müssen sich mit der Tätigkeit und den verfolgten Zielen identifizieren können und sich dafür engagieren.
- Kein Mitarbeiter darf sich durch die Tätigkeit überfordert oder unterfordert fühlen, das heißt, alle beherrschen die Tätigkeit, ohne dabei in Stress zu geraten.
- Unterstützend wirkt eine Atmosphäre des lustvollen Miteinanders, die jedes Konkurrenzdenken und „Sich-vergleichen-müssen" ausschließt.

Um unserer Führungsarbeit gerecht zu werden, können wir uns an dem erfolgreichen Trainer einer Mannschaftssportart ein Beispiel nehmen.

- Er optimiert die fachlichen Kompetenzen der Spieler im täglichen Training, bis die Spielzüge routiniert und automatisiert sind.
- Er stellt jeden Spieler entsprechend seiner Fähigkeiten in der Position auf, die dieser am besten beherrscht.
- Er fördert den spielerischen Teamgeist, um alle zu einem stressfreien Miteinander zu führen.

Trotz guter Vorbereitung ist der Flow nicht in jedem Spiel zu erreichen und er ist auch nicht dauerhaft zu konservieren, aber wenn es fließt, wächst ein Team über sich hinaus, entwickelt eine besondere Kreativität und liefert perfekte Höchstleistungen. Diese sind dann kaum zu übertreffen und rational schwer erklärbar.

4.5 Führen in der Krise

Als Einführung des zweiten Teils hatte ich das Verhalten von Helmut Schmidt während der Flutkatastrophe 1962 in Hamburg als Beispiel für gutes Selbstmanagement angeführt.

Auch in diesem Kapitel kann uns Helmut Schmidt als plastisches Beispiel für Führung in der Krise dienen.

Wenn die Not am größten ist – vor allem wenn es ums Überleben geht – kommt es auf jede Minute an. Dann ist keine Zeit für Diskussionen und Bedenkenträger, es muss sofort gehandelt werden und das erfordert spontane und weit reichende Entscheidungen. Schmidt hat damals bewiesen, worauf es ankommt: Präsenz, Souveränität, Entscheidungswille, Dominanz und Mut sind die entscheidenden Kompetenzen einer Führungskraft in der Krise. Dazu gehört auch die Bereitschaft, sich über demokratische Mehrheitsbeschlüsse, Regeln, Normen und Gesetze hinwegzusetzen, wenn es der Rettung dient. Der befehlende Führungsstil ist der autoritärste, weil er keinen Widerspruch duldet und das ist auch gut so, denn in der Not muss klar sein, wer das Sagen hat und was zu tun ist.

Präsenz, Souveränität, Entscheidungswille, Dominanz und Mut sind die entscheidenden Kompetenzen einer Führungskraft in der Krise

Es ist immer wieder zu beobachten, dass sich in Krisenzeiten Führungspersönlichkeiten auf ganz natürliche Weise hervortun, indem sie einfach das Ruder übernehmen. Auch Schmidt hatte ja 1962 seine Kompetenzen überschritten und hohen Führungskräften die Entscheidungsgewalt entzogen, weil diese der Lage nicht gewachsen waren. Aus emotionaler Sicht ist dabei besonders interessant, dass der zu erwartende Widerstand der Entmachteten ausbleibt, wenn der neue Entscheider selbstsicher und dominant genug auftritt. In der Krise gilt die Macht des Stärkeren und das ist nicht zwangsläufig der hochrangige Vorgesetzte, sondern derjenige, der Entscheidungsbereitschaft und mentale Stärke zeigt, denn er erfüllt das Hauptbedürfnis aller Beteiligten: Er gibt den Menschen Sicherheit und Hoffnung.

Die Führungskraft erhält ihre Macht durch die Resonanz, die sie bei den Mitarbeitern auslöst

Wie bei allen anderen Führungsstilen auch erhält die Führungskraft ihre Macht durch die Resonanz, die sie bei den Mitarbeitern auslöst. Resonanz erzeugt sie, indem sie die aktuellen Bedürfnisse ihrer Mitarbeiter erfüllt und in extremen Stress- und Notsituationen ist das größte Bedürfnis die Klarheit und die Sicherheit der Entscheidungen und Anweisungen. Andere menschliche Bedürfnisse wie Anerkennung, Gerechtigkeit, Selbstbestimmung oder demokratischer Konsens verlieren in solchen Momenten ihre Bedeutung. Der natürliche Überlebenswille spürt intuitiv, dass dafür keine Zeit ist.

Insofern entspricht das Führen in Krisenzeiten dem archaischen Grundmuster von Führung an sich. Orientieren wir uns an den Persönlichkeitsmustern von Belbin oder Lowen, so entspricht der MACHER bzw. der ENTSCHEIDER weit gehend den Anforderungen eines guten Krisenmanagers (vgl. Kap. 4.3.2). Er ist dynamisch und antriebsstark, hat einen ausgeprägten Willen zur Macht und zeigt eine gewisse Rücksichtslosigkeit gegenüber seinen Mitarbeitern. Diese wird im Allgemeinen toleriert, solange es gilt, größeren Schaden für die Gemeinschaft zu vermeiden und Veränderungsprozesse zu initiieren.

Wenn die Krise überwunden ist, ist das Plus auf den Beziehungskonten aufgebraucht und es muss wieder Vertrauen aufgebaut werden

Doch wenn die Krise überwunden ist, ist das Plus auf den Beziehungskonten aufgebraucht und es wird Zeit, die Wunden zu lecken und wieder Vertrauen zu den Mitarbeitern aufzubauen. Das fällt den Machern und Entscheidern in der Regel schwer, und wer seinem Naturell folgend aus dem Arbeitsalltag eine Dauerkrise macht, um seine Machtinteressen weiter zu befriedigen, steuert in eine andere Krise, nämlich die, die wir in vielen Unternehmen vorfinden: Die innerlichen Kündigungen einer Mehrheit von frustrierten Arbeitnehmern aufgrund mangelnder Anerkennung durch die Führungskräfte.

Der autoritäre Führungsstil sollte eine Ausnahme bleiben und nur im Notfall eingesetzt werden, weil er auf Dauer die Beziehung zu den Mitarbeitern gefährdet. Die Entscheidung, wann der Moment gekommen ist, Grenzen zu setzen und Ernst zu machen, ist eine hoch emotionale. Sie erfordert von der Führungskraft Erfahrung, Selbstbewusstsein, Feinfühligkeit für die Situation, ein gewisses Aggressionspotenzial und ein positives Menschenbild.

Im Grunde geht das nur über die Entwicklung der Führungspersönlichkeit. Deshalb ist es notwendig, dass Macher und Entscheider ihr ungeduldiges und aggressives Naturell zu zähmen lernen, um mehr Sensibilität, Einfühlungsvermögen, Kompromissbereitschaft, Loyalität und Integrationsfähigkeit zu entwickeln. Oder die feinfühligeren, aber entscheidungsschwachen Persönlichkeiten entdecken ihr Aggressionspotenzial, um in Krisen mehr Präsenz, Willenskraft und Entscheidungsstärke zeigen zu können.

4.5.1 Grenzen aufzeigen – emotionale Zeichen setzen

Zu den kritischen Momenten, die schnell zu Krisen werden können, zählen die Situationen, in denen es gilt, als Führungskraft nach innen oder außen Grenzen aufzuzeigen, also emotionale Zeichen zu setzen. Was als solcher Moment zu verstehen ist, hängt sehr von der emotionalen Bewertung des Managers und dessen Persönlichkeit ab. Harmonie- und teambewusste Führungskräfte haben oft Hemmungen, Nein zu sagen und harte Entscheidungen zu fällen, weil sie moralische Bedenken haben und lieber das Gute im Menschen sehen wollen. Aber in der Fähigkeit, Grenzen zu ziehen und Nein zu sagen, beweist der entscheidungsstarke Manager seine emotionale Kompetenz und seine Fähigkeit, mit Aggressionen im Sinne der Gemeinschaft konstruktiv umzugehen.

In der Fähigkeit, Grenzen zu ziehen, beweist der entscheidungsstarke Manager seine emotionale Kompetenz

Keine Gemeinschaft, kein Team kann auf Dauer miteinander auskommen, wenn die Regeln nicht eingehalten werden und niemand die Verantwortung übernimmt und durchgreift. Deshalb sind Entscheidungen in kritischen Momenten für die Moral und den Zusammenhalt der Gruppe besonders wichtig und nicht zu unterschätzen. Selbst kleine emotionale Konflikte im Team können schwer wiegendere Auswirkungen haben, wenn sie nicht bereinigt werden. Klare Entscheidungen dagegen geben den Mitarbeitern Sicherheit und verschaffen dem Entscheider die Glaubwürdigkeit und Autorität, die er für seine Führungsaufgabe benötigt. Deshalb werden nach meinen Erfahrungen selbst harte Konsequenzen von verantwortungsbewussten Mitarbeitern mitgetragen.

Was nun zu den kritischen Momenten zählt, hängt sehr von der emotionalen Einstellung des Managers ab. Hier nur ein paar klassische Beispiele:

In diesen Situationen ist es notwendig, Konsequenzen zu ziehen:

- In einem Team kann schon ein KONFLIKT zwischen zwei Mitgliedern den Teamgeist gefährden und ein beherztes Eingreifen der Führungskraft notwendig machen. Wenn es zu FORMEN VON MOBBING kommt, muss sie einschreiten, weil ein solches Verhalten die Arbeitsatmosphäre nachhaltig vergiftet.
- Ein gesunder Konkurrenzkampf unter den Mitarbeitern ist durchaus wünschenswert. Wenn sich aber zeigt, dass SICH EINZELNE AUF KOSTEN ANDERER TEAMMITGLIEDER PROFILIEREN wollen, hat eine Führungskraft zu intervenieren, um Gerechtigkeit und Gleichbehandlung nicht zu gefährden.
- WENN SICH TROTZ WIEDERHOLTER ERMAHNUNGEN DAS KRITISCHE VERHALTEN EINES MITARBEITERS NICHT ÄNDERT oder nicht abgestellt wird, muss eine Führungskraft konsequent sein und härtere Maßnahmen ergreifen. Vor allem,

wenn solche zuvor angedroht wurden. Nichts demontiert die Autorität einer Führungskraft schneller als inkonsequentes Verhalten.

- Auch WENN VOM KUNDEN ABSPRACHEN NICHT EINGEHALTEN WERDEN, sollte der Manager handeln und die Interessen des Teams nach außen vertreten. Wer auf diese Weise Mut zeigt, steigert sein Ansehen im Team enorm und sammelt Pluspunkte auf seinen Beziehungskonten.
- Etwas Ähnliches gilt, WENN MITARBEITER DES TEAMS VON AUSSEN DISKREDITIERT ODER UNFAIR BEHANDELT WERDEN. Hier sollte eine gute Führungskraft seine Leute in Schutz nehmen und sich vor sie stellen. Viele belassen es bei der Aussage: *„Ich stehe hinter Ihnen,"* und meinen, sich hinter einer bloßen Absichtserklärung verstecken zu können.
- JEDE FORM VON VERTRAUENSBRUCH, sei es Diebstahl, Unterschlagung, Bestechung oder das persönliche Ausnutzen betrieblicher Funktionen muss hart und konsequent geahndet werden, unabhängig von der Größe des Schadens. Es geht hier nicht um den materiellen Verlust, sondern um das emotionale Signal, dass solch ein Fehlverhalten nicht geduldet wird. Wer hier Milde walten lässt, gibt anderen den Freibrief, sich ebenso bereichern zu können.

Es fiele nicht schwer, an dieser Stelle weitere Beispiele für emotionale Krisen aufzuzählen. Wichtiger scheint mir aber zu beleuchten: Wie lauten die Kriterien, nach denen eine Führungskraft in Krisen handelt? Gibt es sachliche Fakten, nach denen man so oder so entscheiden sollte?

Sicher gibt es die, nur nach meiner Erfahrung spielen sie keine entscheidende Rolle, weil in stressigen Momenten Entscheidungen immer aufgrund von Emotionen gefällt werden: Gute Manager handeln spontan auf der Basis ihrer bisherigen Erfahrungen. Die Führungskräfte, die ihrem Gefühl nicht vertrauen und nach Faktenlage entscheiden, handeln in Krisen meist zu spät oder gar nicht, weil es keine Sicherheit für eine sachliche Entscheidung gibt. Es gibt immer auch Argumente, eine Kündigung nicht auszusprechen oder einen Kunden nicht in die Schranken zu weisen, aber das zählt in der Praxis nicht. Wenn es darauf ankommt, ist es sicherer, zu handeln und Fehler zu machen, als untätig Argumente zu sammeln. In der Krise schafft jedes Handeln neue Impulse und Veränderung, aber Stillstand bringt nur den Tod.

Gute Manager handeln spontan auf der Basis ihrer bisherigen Erfahrungen

Wichtiger als die Fakten sind für den Krisenmanager die Wertvorstellungen und die daraus resultierenden Emotionen und die sind individuell ganz unterschiedlich. Wer aufgrund

Die Entscheidungskompetenz eines Managers wächst mit der Menge an Erfahrung und der Höhe seiner moralischen Ansprüche

einer Unterschlagung bereits erlebt hat, dass sein Unternehmen in finanzielle Not geraten ist, der wird bei Diebstahl impulsiver und härter entscheiden als ein Vorgesetzter, der die Finanzlage des Unternehmens nicht kennt oder dem Ehrlichkeit nicht so wichtig ist. Die Entscheidungskompetenz eines Managers wächst also mit der Menge an Erfahrung und der Höhe seiner moralischen Ansprüche.

Für mich ist beispielsweise die Einstellung einer Person von großer Bedeutung. So habe ich in meiner Zeit als Führungskraft zweimal Mitarbeitern fristlos kündigen müssen, nachdem sie Geld unterschlagen hatten. Diese Taten waren vorsätzlich, hemmungslos und mit krimineller Energie geplant. Die Entscheidungen war zwingend notwendig und ohne Zögern zu fällen. Als aber eine Reinigungskraft beichtete, 100 Euro gestohlen zu haben, die sie zufällig gefunden hatte, habe ich sie weiterbeschäftigt, weil ihre Reue echt war und ich mir sicher sein konnte, das es kein zweites Mal geschieht. An den kleinen Signalen kann ich intuitiv ablesen, welche Einstellung und Werte ein Mensch mitbringt. Diese sind oft die Auslöser, mich so oder so zu entscheiden.

4.5.2 Zeit für mutige Entscheidungen

Haben Sie schon einmal auf der Brücke eines riesigen Kreuzfahrtschiffes dem Kapitän zugesehen, wie er dieses Monstrum in ein viel zu eng wirkendes Hafenbecken manövriert? Was hatten Sie für Gefühle, zu sehen wie der Stahlkoloss sich der Pier nähert? Die Befehle des Kapitäns, die erfolgte Ruderbewegung, der Befehl: halbe Kraft zurück ... nichts geschieht, die Pier kommt näher, verschwindet hinter dem Vorderschiff, eine Havarie scheint nicht mehr zu verhindern, da endlich schwenkt der Bug zur Seite und wie von Zauberhand bewegt drehen sich zigtausend Bruttoregistertonnen auf den Meter genau und legen längsseits an. Solche Landemanöver sind kritische Momente, die Weitsicht erfordern und ein Gespür für den entscheidenden Befehl im richtigen Augenblick.

Schon weit im Voraus die Notwendigkeit des Handelns erkennen

Ein Unternehmen verhält sich ähnlich wie ein Ozeanriese. Es besitzt eine unheimlich träge Masse und wer diese Masse lenken will, muss weit im Voraus die Notwendigkeit des Handelns erkennen und bereit sein, frühe Entscheidungen zu fällen. Erfolgreiche Krisenmanager haben dieses besondere Gespür für weitsichtige Entscheidungen, sie ahnen, was kommen wird. Während andere sich noch um ihre Alltagsprobleme sorgen, erkennen sie an kleinen Veränderungen die Notwendigkeit, den Kurs zu korrigieren. Während andere erst reagieren, wenn die Havarie droht, haben sie die Organisation schon auf die zukünftigen Bedingungen eingestellt.

Die Aufmerksamkeit eines erfolgreichen Krisenmanagers gilt der Veränderung, dem Abschneiden von alten und hinderlichen Zöpfen und dem Setzen von neuen Zielen. Er identifiziert störende Strukturen, trifft klare Entscheidungen und ist bereit, auch unbequeme und unpopuläre Wege zu gehen. Dazu benötigt er eine ganz besondere Bandbreite emotionaler Qualitäten:

Der Krisenmanager ist bereit, auch unbequeme und unpopuläre Wege zu gehen

Krisenkompetenzen der Führungskraft

- Eigeninitiative ist die Basis eines erfolgreichen Krisenmanagers. Als dynamische und aufgeschlossene Persönlichkeit möchte er etwas bewegen und verändern. Statt auf Impulse oder Befehle von außen zu warten, entscheidet er sich lieber für das selbstbestimmte Handeln.
- Risikobereitschaft und Entscheidungsstärke sind die herausragenden Qualitäten einer Führungskraft in der Krise. Wenn es darum geht, schnell zu handeln, ist keine Zeit, noch fehlende Informationen einzuholen. Der Krisenmanager muss den Mut haben, hohe Risiken einzugehen. Er spürt die Notwendigkeit intuitiver Entscheidungen, um der Krise gerecht zu werden. Lieber geht er das Risiko ein, einen Fehler zu machen, als die Kontrolle über das Geschehen zu verlieren.
- Konfliktbereitschaft ist eine notwendige Krisenkompetenz. Es geht darum, unbequeme Entscheidungen durchzusetzen und aufkommenden Widerstand zu überwinden. Auseinandersetzungen werden mit Freude und Siegeswillen geführt. Klarheit und Dominanz vermitteln den Mitarbeitern die in Krisen notwendige Sicherheit und Verlässlichkeit. Der Krisenmanager ist nicht von der Zuneigung seiner Mitarbeiter abhängig. Er muss anderen nicht gefallen. Seine Aufgabe ist, das Schiff in ruhigeres Fahrwasser zu führen.
- Machtbewusstsein ist eine Qualität, die eine Führungskraft in der Krise besonders auszeichnet. Was in guten Zeiten die Beziehung zu den Mitarbeitern belasten kann, ist in Krisen ein notwendiges und probates Mittel. Möglichen Widersachern wird signalisiert: Jetzt ist nicht die Zeit für langwierige Diskussionen und demokratische Entscheidungsfindung. Jetzt habe ich das Kommando.

Die hier beschriebenen Führungseigenschaften sind notwendige Handlungsalternativen einer erfolgreichen Führungskraft. Wenn es darauf ankommt, geben sie einem Team oder einem Unternehmen einen klaren Weg vor. Diese Eigenschaften sollten aber nicht zum Selbstzweck werden. Wer seine Führungsaktivitäten als dauerndes Krisenmanagement versteht, missbraucht das Vertrauen seiner Mitarbeiter und gefährdet die Beziehung zu ihnen.

AUTORITÄRES VERHALTEN SOLLTE NUR AUF KRISEN BESCHRÄNKT UND DIE AUSNAHME BLEIBEN.

Ansonsten führt es zu einem dauerhaft rücksichtslosen und herrschsüchtigen Verhalten und das ist langfristig sehr ineffizient. Wer aus der persönlichen Einstellung heraus dazu neigt, provokativ, misstrauisch oder überheblich mit seinen Mitarbeitern umzugehen, der tut das in der Regel nicht aus einer verantwortlichen Einstellung heraus, sondern aufgrund seines destruktiven Menschenbildes und seines ungesunden Machtwillens.

4.5.3 Furcht und Ehrfurcht vor der Macht

Nirgendwo sonst hat die Persönlichkeit der Führungskraft einen so entscheidenden Einfluss auf den Führungsstil wie in der Krise

Nirgendwo sonst hat die Persönlichkeit der Führungskraft einen so entscheidenden Einfluss auf den Führungsstil wie in der Krise. Wie immer, wenn viel auf dem Spiel steht, fällt es uns schwer, sachliche Entscheidungen zu fällen. Unser Verstand braucht Zeit, um alle notwendigen Informationen zu verarbeiten und mit Sicherheit Stellung zu beziehen. Unter Zeitdruck ist er leicht überfordert. Je kritischer die Situation, desto mehr dominieren unsere Emotionen unser Verhalten. Wer denkt noch an antrainierte Führungstechniken, wenn Angst, Wut, Aggression, Trauer oder Verzweiflung das Kommando übernehmen? Gerade in schwierigen Zeiten fallen wir schnell auf die Grundmuster unserer Persönlichkeit zurück, es sei denn, wir haben unseren Erfahrungshorizont erweitert und Stresstoleranz, Durchsetzungskraft und Konfliktbereitschaft entwickeln können.

Gerade in Krisenzeiten fallen wir schnell auf die Grundmuster unserer Persönlichkeit zurück

In Krisenzeiten gewinnen die Führungskräfte an Wert und Ansehen, die es aufgrund ihrer natürlichen Ungeduld und ihrer Dominanz verstehen, ihre oft geleugneten, aber selbstverständlich vorhandenen Ängste in eine kompromiss- und hemmungslose Entscheidungsbereitschaft zu verwandeln. Diese Charaktere nehmen ihre Angst als inneren Druck wahr und diesem Druck geben sie nach, indem sie ungefragt die Macht an sich reißen, auf oft martialische Weise den Kampf aufnehmen bzw. die Flucht nach vorn antreten.

Ein solch autoritäres und impulsives Führungsverhalten erinnert gelegentlich an den animalischen Überlebenskampf unserer urzeitlichen Vorfahren, weil es eher von emotionalen Affekten als vom Verstand gesteuert wird. Es scheint unter Krisenbedingungen aber die natürlichste und sinnvollste Wirkung zu erzielen: Willensstärke, Durchsetzungsvermögen und Machtbewusstsein werden um so glaubwürdiger, je mehr sie von Dominanz, Aggression und Kampfgeist getragen werden. Diese Art der emotionalen Ausdrucksfähigkeit verschafft in kritischen Situationen den notwendigen Respekt und stärkt den Zusammenhalt der Gemeinschaft. Was im normalen Alltag eher Abneigung und Widerstand erzeugt, wirkt in der Krise Angst lösend und Sicherheit gebend. In Zeiten der Verunsicherung wächst die Sehnsucht nach einer starken Führung, die Entscheidungen abnimmt und die Richtung vorgibt.

Was im normalen Alltag eher Abneigung und Widerstand erzeugt, wirkt in der Krise Angst lösend und Sicherheit gebend

Die emotionale Führungskompetenz beweist sich in der Krise durch die Fähigkeit, den richtigen Zeitpunkt zu erkennen, wann ich mein Handeln auf diesen „Kampfmodus" umstellen muss, um Wirkung zu erzielen. Der Kampfmodus ist so etwas wie ein Notfallstatus, in dem wichtige Eigenschaften des sozialen Miteinanders wie Rücksichtnahme, Menschlichkeit und Toleranz in ihrer Priorität so lange herabgesetzt werden, bis die Notlage überstanden ist.

Als Führungskraft kann ich den richtigen Zeitpunkt nur erkennen, wenn ich mich in meiner persönlichen Entwicklung von meinen emotionalen Defiziten und Bedürfnissen weit gehend befreit habe und unabhängig von Eigeninteressen sachbezogen und emotional kompetent entscheiden kann.

In Krisen kritische Charakterzüge

Einige Charakterzüge haben sich in Krisen immer wieder als kritisch erwiesen. Führungskräfte mit diesen Eigenschaften sollten diese Defizite bearbeiten und zu überwinden suchen:

- Menschen mit NIEDRIGER STRESSTOLERANZ reagieren schon auf harmlose Stresssituationen hektisch und überängstlich. Damit sind sie wenig krisenfest, da sie ihre Mitarbeiter

Körperliche Fitness und eine gewisse Gewöhnung an angstbesetzte Situationen verbessern die Stresstoleranz

eher verunsichern, als ihnen Halt und Sicherheit zu bieten. Die Ursache hierfür kann in einem zu geringen Selbstvertrauen liegen. Durch körperliche Fitness und eine gewisse Gewöhnung an angstbesetzte Situationen können Sie Ihre Stresstoleranz für gewöhnlich verbessern.

- Ein AUSGEPRÄGTES HARMONIEBEDÜRFNIS steht der Bereitschaft, unpopuläre Entscheidungen zu treffen und gegen den Widerstand anderer durchzusetzen, im Weg. Harmoniebedürftige Menschen gehen ungern Konflikte ein, weil sie fürchten, damit die Anerkennung und Zuwendung ihrer Mitmenschen zu verlieren. Wer sich als Führungskraft von der Sympathie seiner Mitarbeiter abhängig macht, kann in Krisen nicht mehr frei und sachdienlich entscheiden. Ein wichtiger Entwicklungsschritt für diese Personen ist die Erfahrung, dass man sich den Respekt seiner Mitarbeiter nicht durch Rücksichtnahme, sondern mit Durchsetzungskraft verschaffen muss.

Wer sich von der Sympathie seiner Mitarbeiter abhängig macht, kann in Krisen nicht mehr frei und sachdienlich entscheiden

- Ein ÜBERZOGENES SICHERHEITSDENKEN ist die häufige Ursache, dass dringliche Entscheidungen aufgeschoben werden. Wer Angst davor hat, Fehler zu machen, ist kein guter Krisenmanager. Er sollte den Mut entwickeln, mehr Risiko einzugehen und trotz unvollständigen Informationsstandes Entscheidungen zu treffen. Nichts ist schlimmer als Passivität und Lethargie in kritischen Situationen, weil sie den Beteiligten die Hoffnung auf Veränderung nehmen. Mit Entscheidungen schaffen Sie eine Dynamik, die das emotionale Befinden verbessert, selbst wenn diese sich im Nachhinein als falsch erweisen sollten.

Mit Entscheidungen schaffen Sie eine Dynamik, die das emotionale Befinden verbessert

- Eine ÜBERMÄSSIGE MACHTGIER kann andererseits verhindern, dass eine Führungskraft den richtigen Zeitpunkt für den Ausstieg aus dem „Kampfmodus" findet. Wer sich über die Krise hinaus in dem autoritären Habitus wohlfühlt, kompensiert seine zwischenmenschlichen Defizite durch überzogene Machtinteressen. Diese Charaktere haben wenig Vertrauen zu ihren Mitarbeitern und versuchen dies durch überzogene Kontrolle zu kompensieren. Wer sich hier wiederfindet, sollte lernen, einmal loszulassen und seine Demut zu pflegen.

Gefahr, zwischenmenschliche Defizite durch überzogene Machtinteressen zu kompensierren

Solange Krisen kein Dauerzustand werden, ist eine Gemeinschaft für gewöhnlich bereit, auf ihre Rechte zu verzichten und sich einer starken Führung anzupassen, weil die Sicherheit aller vor den Eigeninteressen steht. Wenn sich aber abzeichnet, dass eine Führungskraft die Situation zu Gunsten ihrer Machtinteressen ausnutzt oder bewusst neue Krisen provoziert, um ihren autoritären Führungsstil zu rechtfertigen, verspielt sie den Vertrauensvorschuss ihrer Mitarbeiter. Somit verbraucht sich ihre Autorität und ihre Mitarbeiter werden ihr bald die Gefolgschaft aufkündigen.

EINE EMOTIONAL KOMPETENTE FÜHRUNGSKRAFT BEHERRSCHT DESHALB VERSCHIEDENE FÜHRUNGSSTILE UND WENDET DIESE SITUATIV UND ZIELFÜHREND AN.

Es geht also nicht darum, entweder autoritär oder teamorientiert zu führen, sondern immer um das Sowohl-als-auch. Für die Führungskraft heißt das, sowohl den Kämpfer wie den Teamplayer in sich entwickelt zu haben und diese Persönlichkeitsaspekte frei von Eigeninteressen wählen zu können.

4.6 Die Führungskraft als Visionär

Barack Obama ist das Paradebeispiel eines Visionärs. Mit seinen Ideen, seinen Ansprachen begeistert er Millionen von Menschen. Er ist zum Präsidenten der Vereinigten Staaten gewählt worden, weil er unzählige Anhänger mobilisieren konnte. Weil er mehr Spendengelder sammeln konnte als irgend jemand zuvor.

Dahinter steckt die Fähigkeit, den Menschen etwas zu geben, wonach sich die meisten von uns sehnen: der Glaube an eine bessere Zukunft und die Zuversicht, diese Vision Realität werden zu lassen. Obama ist damit das Vorbild, das Modell für einen Führungsstil, der mehr als andere Arten der Führung die Gefühle, die Hoffnungen und die Träume der Menschen anspricht.

Visionäre vermitteln den Glauben an eine bessere Zukunft und die Zuversicht, diese Vision Realität werden zu lassen

Schon der römische Dichter Vergil wusste: *„Der Geist bewegt die Materie“* und beschrieb damit eine emotionale Kraft, die logisch nicht zu erklären ist, aber faktisch existiert: Allein durch seine Vorstellungskraft und seinen Glauben an eine Idee kann der Mensch eine phänomenale Motivation und Leistungsbereitschaft entwickeln, unabhängig davon, ob diese Vision realisierbar ist oder nicht.

Es kommt dabei offensichtlich weniger auf den Realitätsgehalt einer Vison an als vielmehr darauf, inwieweit dieses Zukunftsbild die tiefen Sehnsüchte der beteiligten Personen erreicht und deren Erfüllung verspricht.

So leben alle Religionen von dem Glauben an ein Leben nach dem Tod, obwohl es dafür keine Beweise gibt. Der Glaube, dass das Leben mit unserem Tod nicht beendet ist, gibt dem menschlichen Miteinander, dem Einhalten von Moral und Gesetz, unserem ganzen Leben den Wert, für den wir uns engagieren. Die Motivation aller Beteiligten ist um so höher, je größer die Sehnsucht nach der Verwirklichung der Vision ist. Die Idealisierung und Emotionalisierung der Ziele ist also von weit größerer Bedeutung als deren Erreichung an sich. Sie machen aus einem Ziel eine „wert"-volle Vision, geben allen Spielregeln, allem Engagement, allem Erfolg und Misserfolg ihren Sinn.

Als Stellvertreter des gemeinsamen Glaubens an die gute Sache gewinnt der Visionär Macht und Einfluss

Ein Visionär gewinnt Autorität und Einfluss, indem er seinen Mitmenschen die Verwirklichung einer besseren Welt verspricht und sich glaubhaft zum Stellvertreter der gemeinsamen Werte macht. Dieser Führungsstil ist also keine Frage des Gehorsams gegenüber einer Führungskraft, als vielmehr das Ergebnis des gemeinsamen Glaubens an die gute Sache. Die Führungskraft und ihre Mitarbeiter werden zu Anhängern dieses Ideals. Macht und Einfluss sind nur noch Mittel zu dem Zweck, die große Idee zu verwirklichen. Alle stellen sich in den Dienst der gemeinsamen Sache und sind im Idealfall bereit, ihre Eigeninteressen dafür zurückzustellen.

Der Visionär beschäftigt sich im Gegensatz zu anderen Führungskräften mehr mit der Zukunft als mit der Gegenwart. Es interessiert ihn weniger, was im Detail zu tun ist, als vielmehr wie und warum etwas zu tun ist. Er setzt langfristige, weit reichende Ziele, die den Mitarbeitern eine hohe Entscheidungsfreiheit bei deren Umsetzung und Mitgestaltung gewähren. Die Mitarbeiter müssen also zunächst den Wert und Sinn ihres Handelns verstehen, um sich frei von konkreten Vorgaben für die notwendigen Arbeitsschritte selbst entscheiden zu können. Solange sie sich mit den Ziele identifizieren können, werden sie Entscheidungen mitgestalten und mitverantworten. Sie fühlen sich als Teil der Gemeinschaft, erfahren dadurch mehr Anerkennung und Wertschätzung als in anderen Führungsumfeldern.

Für mich ist der visionäre Führungstil weit komplexer und vielschichtiger als jede andere Form der Führung.

Der Visionär vereinigt Idealismus, Weitsicht und Kreativität mit emotionaler Ausdrucksstärke und ist damit der Inbegriff einer emotional kompetenten Führungskraft.

Kompetenzen der Führungskraft als Visionär

- Ein idealisiertes Wertebewusstsein und ein hoher ethisch-moralischer Anspruch an sich und die Umwelt.
- Eine überdurchschnittliche Fantasie und ein bildhaftes Vorstellungsvermögen, mit der sie Lösungen und Chancen der Veränderung erkennt.
- Die Fähigkeit zu strategischem Denken, das heißt, unabhängig von kurzfristigen Bedürfnissen die eigene und die Zukunft ihrer Mitarbeiter planen und gestalten zu wollen.
- Besondere kommunikative Fähigkeiten, um Menschen zu erreichen und emotional zu begeistern.

Für selbstbewusste und eigenständige Mitarbeiter mit hoher Fachkompetenz ist diese Form der Führung ideal

Aber wer sich gern auf weit reichende Ideen konzentriert, kümmert sich ungern um die Details. Das führt dazu, dass Visionäre leicht distanziert wirken und weniger pragmatisch sind als andere. Selten sind die Wege zum Ziel definiert und der einzelne Mitarbeiter wird in seiner Eigeninitiative mehr gefordert als bei anderen Führungsstilen. Für selbstbewusste und eigenständige Mitarbeiter mit hoher Fachkompetenz ist diese Form der Führung ideal. Sie sind hoch motiviert, weil sie den Freiraum haben, sich kreativ zu entfalten und neue innovative Wege zu beschreiten. Fehler werden schnell verziehen, solange die vorgegebene Richtung eingehalten wird.

Für reaktive und unselbstständige Kollegen ist der visionäre Führungsstil weniger geeignet

Für reaktive und unselbstständige Kollegen ist der Führungsstil dagegen weniger geeignet, weil die offene und vorgabenfreie Arbeitsweise zu Verunsicherung und Orientierungslosigkeit führen kann. Diese Mitarbeiter benötigen eine eher stringente Führung und kurzfristige Zielvorgaben. Hier ist der Visionär gefordert, seine natürliche Distanz zu den Mitarbeitern aufzugeben und auf die praktischen Bedürfnisse des Alltags einzugehen.

Der visionäre Führungsstil ist besonders zielführend, wenn wichtige, weit reichende Veränderungen erforderlich sind, wenn es gilt, alternative Ideen zu entwickeln oder neue Märkte zu erschließen. Dann kommt es darauf an, mutige und experimentierfreudige Mitarbeiter auf die Reise zu schicken, die selbstverantwortliches und lösungsorientiertes Arbeiten gewohnt sind.

4.6.1 Das Gefühl für strategisches Denken

Viele Visionen fallen dem Druck des Tagesgeschäftes zum Opfer

Nur wenige Führungskräfte sind es gewohnt, für sich und ihre Mitarbeiter weit reichende Ziele oder Visionen zu entwickeln und sich für deren Verwirklichung zu engagieren. Viele reagieren nur auf die Anforderungen des Marktes und verlieren so ihre eigenen Ziele und Vorstellungen aus den Augen. Andere haben sich damit abgefunden, die ihnen vorgegebenen Ziele zu verfolgen. Sie haben es aufgegeben, eigene Ideen zu formulieren oder haben gar keine Vorstellung davon, was sie wirklich wollen. Dieses Verhalten ist nicht nur eine Frage der Persönlichkeit, sondern auch eine Folge von Erziehung, Bildung und den gesellschaftlichen Zwängen.

- Als Kinder müssen wir erfahren, dass es selten erwünscht ist, unsere Bedürfnisse und unsere Wünsche durchzusetzen.
- Die Schule dient dazu, uns in die Sozialgemeinschaft einzugliedern. Wir müssen einer Bildungsnorm entsprechen, unabhängig davon, ob es uns interessiert oder unserem Wesen entspricht.
- Mit dem Einstieg ins Berufsleben erleben wir den existenziellen Zwang, den Erwartungen einer Organisation zu genügen. Wer diesen Anforderungen nicht gerecht wird, muss mit dem Ausschluss aus der Gemeinschaft und dem Verlust seiner Werte rechnen.

Der Wunsch nach Selbstverwirklichung wird vielfach von dem Bedürfnis verdrängt, den sozialen Ansprüchen zu genügen

Durch diese Zwänge wird unser natürlicher Wunsch nach Selbstverwirklichung langsam von dem Bedürfnis verdrängt, den sozialen Ansprüchen zu genügen. Wir lernen, den Weg des geringsten Widerstandes zu gehen, beginnen, fremde Ziele zu übernehmen und uns den aktuellen Notwendigkeiten anzupassen.

Unter den Verpflichtungen des Berufslebens ist es immer wieder eine Herausforderung, die alltäglichen Sorgen und Zwänge beiseite zu schieben und sich auf die langfristigen Ziele zu konzentrieren.

Die Zukunft zu planen und mitzugestalten, zählt aber zu den entscheidenden Aufgaben einer Führungskraft. Sie erfordert:

Die Zukunft zu planen und mitzugestalten, zählt zu den entscheidenenden Aufgaben einer Führungskraft

- Eigenverantwortlichkeit und Selbstorganisation
- Übersicht und Verständnis von der Gesamtsituation
- Die Fähigkeit zu strategischem Denken

STRATEGIE und TAKTIK sind ursprünglich Begriffe aus der Kriegsführung. Mit Strategie bezeichnete man die Gesamtplanung der Gefechte, also das langfristige Vorgehen zur Führung eines Krieges. Im Gegensatz dazu bezeichnete man mit Taktik das spontane Agieren und Reagieren, um kurzfristig eine Schlacht zu gewinnen. Beide Begriffe stehen für notwendige, sich ergänzende Aufgaben, die in der Praxis aber zu Widersprüchen führen können.

Beide Begriffe finden heute im Geschäftsleben ihre Verwendung. Die Strategen entsprechen eher den Visionären im Unternehmen und sind oft im Marketing zu finden, während die Pragmatiker im Vertrieb dafür sorgen, dass die kurzfristigen Ziele erreicht werden. Besonders in gesättigten Märkten beschäftigen sich viele Führungskräfte nur noch damit, die nächste „Schlacht zu gewinnen“, das heißt, sich über den Preis oder die Menge einen kurzfristigen Vorteil zu verschaffen. Je größer der Druck wird, je mehr es ums Überleben des Unternehmens geht, desto schwieriger haben es die Strategen, ihre langfristigen Pläne um- und durchzusetzen. In der Not ist nicht die Zeit der Visionäre.

Deshalb gilt es, in die Planung zu investieren, solange man den nötigen Abstand zum Alltag findet und die Zeit hat, in die Zukunft zu investieren.

Die Kenntnis des Marktes und der Mitbewerber ist die Grundlage jeder Strategie

- Die KENNTNIS DES MARKTES UND DER MITBEWERBER ist die Grundlage jeder Strategie. Ergänzend zur persönlichen Erfahrung liefert die Marktforschung fundierte Daten, die ein detailliertes Bild von Angebot und Nachfrage entstehen lassen.
- Die STÄRKEN UND SCHWÄCHEN DER EIGENEN ORGANISATION, PRODUKTE, LEISTUNGEN UND QUALITÄTEN bilden den zwei-

ten Parameter. Entscheidend sind hier nicht nur Kapazitäten, sondern auch Innovationskraft, Knowhow und die ideellen Werte und Einstellungen der Organisation.

Im Vergleichen aller Informationen entwickeln Sie ein Gespür für Ihre Chancen im Markt

- IM VERGLEICHEN ALLER INFORMATIONEN entwickeln Sie ein Gespür für Ihre Chancen im Markt. Vergleichen Sie Ihre Leistungen mit denen des Wettbewerbs. Bringen Sie zu Papier, wer was leistet und stellen Sie es als Grafik dar. Finden Sie auf solche und ähnliche Fragen eine Antwort:
  - Was haben wir, was andere nicht haben?
  - Was können wir besser als andere?
  - Wo ist der Markt noch nicht gesättigt?
  - Welche neuen Trends können wir befriedigen?
  - Was sind die Schwächen der Wettbewerber?
  - Welche Entwicklungschancen haben wir?

  Durch den Vergleich aller verfügbaren Fakten gestalten Sie einen Raum neuer Möglichkeiten. Sie arbeiten so lange an diesem Bild, bis sich eine Nische abzeichnet, die für Sie gemacht scheint. Diese Nische sollte Ihren Interessen und Ihren Kompetenzen entsprechen und noch nicht vom Wettbewerb besetzt sein.

Planen Sie, wieviel Knowhow und welche Investitionen Sie für die Umsetzung Ihrer Ziele benötigen

- PLANEN SIE, wieviel Knowhow und welche Investitionen Sie für die Umsetzung Ihrer Ziele benötigen und in welchem Zeitraum Sie diese realisiert haben wollen. Verschaffen Sie sich die emotionale Sicherheit, die Ziele auch gegen den Widerstand anderer durchzusetzen.

Wenn Sie sich ausgiebig mit Ihrer Neuorientierung beschäftigt haben, spüren Sie Ihre Chance im Bauch

Die letzten Absätze wirken vielleicht wie eine Kurzfassung aus einem Marketingfachbuch, aber auch hier entscheidet immer wieder das Gefühl. Nach über 20 Jahren Marketingerfahrung weiß ich: Den Erfolg eines Produktes oder einer Leistung kann ich selten an den Fakten festmachen. Zahlen und Daten dienen dem Strategen dazu, das sachliches Gerüst zu bauen, innerhalb dessen sich der Raum für kreative Lösungen und strategische Ausrichtungen gestalten lässt. Die Entscheidung, welcher Weg der richtige ist, ist meist eine emotionale: Wenn Sie sich ausgiebig mit Ihrer Neuorientierung beschäftigt haben, spüren Sie Ihre Chance im Bauch.

Hinter jedem Erfolg steckt ein schlüssiges Prinzip: Der Einklang der individuellen Fähigkeiten, Werte und Bedürfnisse einer Organisation mit den Anforderungen des Marktes. Wer diesen Punkt gefunden hat, erhält eine tragfähige Strategie, die für alle richtungsweisend ist. Die Strategie ist das Instrument des Visionärs, den Mitarbeitern die notwendige Sicherheit und Orientierung zu geben. Auch wenn es aus taktischen Gründen notwendig wird, vom Kurs abzuweichen, die Strategie wird Ihnen auf lange Sicht die Richtung weisen.

4.6.2 Durch Integration zum visionären Leitbild

In meiner Arbeit mit Führungskräften begegne ich immer wieder Menschen, die Schwierigkeiten haben, sich auf langfristige Ziele festzulegen, weil sie fürchten, sich dadurch in ihrer Handlungsfreiheit zu beschränken. Die Ursachen hierfür liegen häufig darin, dass ihre persönlichen Bedürfnisse und Vorstellungen in ihrem Berufsleben nicht vorkommen. Sie glauben, ihre privaten Emotionen von der Ratio des Berufes trennen zu müssen und verhindern damit eine dauerhafte, emotionale Bindung an ihre beruflichen Perspektiven. Sie werden zum kurzfristigen Taktierer ohne Zukunft.

Damit beschneiden sie sich entscheidend in der Ausübung ihrer Führungsaufgaben. Denn gerade die Verbindung emotionaler Bedürfnisse mit rationalen Zielen schafft die Energie, die nötig ist, um sich selbst und andere zu begeistern und zum Visionär zu werden.

Ratio und Emotion in einem visionären Leitbild integrieren

Die Integration von Ratio und Emotion in einem visionären Leitbild ist der erste Schritt, eine eigene Identität zu schaffen, in der man das eigene Wesen und die langfristigen beruflichen Ziele wiederfindet. Solch ein Leitbild sollte aus wenigen schriftlich festgelegten Kernsätzen bestehen, die die Werte und Ansprüche der Organisation beschreiben. Diese Leitsätze haben die Aufgabe, das idealisierte Wunschbild in der Gegenwartsform zu beschreiben, so als ob diese Ziele schon heute hundertprozentig erreicht wären.

Entscheiden Sie sich bei der Formulierung Ihre Leitlinien für klare, konkrete und konstruktive Sätze, aber vermeiden Sie Verneinungen und alle ausweichenden Floskeln und Ausdrücke wie „man", „könnte", „müsste", „vielleicht" oder „versuchen". Jede verbale Einschränkung nimmt Ihrem Leitbild etwas an Überzeugungskraft und behindert deren Realisierung.

Bitte konzentrieren Sie sich in jedem Leitsatz nur auf ein Thema und formulieren Sie dieses so kurz und prägnant wie möglich. Auch deren Anzahl sollte sich auf sechs bis maximal zehn Kernsätze beschränken. Ähnlich wie bei den Zehn Geboten der Bibel sind damit alle Umgangsformen einer Gemeinschaft überschaubar und schlüssig zu regeln.

Erfahrungsgemäß haben sich einige inhaltliche Schwerpunkte als sinnvoll erwiesen. Ein Beispiel für eine typische Gliederung wäre:

Die typische Gliederung eines visionären Leitbildes

- Die Mission beschreibt die Aufgaben und Ziele, denen sich die Organisation verpflichtet fühlt, sowohl in kommerzieller als auch in ideeller Hinsicht. Eine Mission gibt die Richtung aller Aktivitäten vor.
- Die Rolle erklärt, welchen Platz und welche Werte die Organisation im Rahmen der Gesellschaft einnimmt. Sie ist damit die Grundlage des Selbstverständnisses und der Einstellung aller Mitarbeiter in ihrem Handeln.
- Der Nutzen beschreibt den Mehrwert, den die Organisation für ihre Kunden, ihre Partner und die Gesellschaft schafft. Dieser Satz bildet die Basis aller Verkaufsargumente und Kompetenzbeschreibungen des Unternehmens.
- Die Kommunikationskultur formuliert Umgangsformen und Kommunikationsweisen innerhalb und außerhalb der Organisation. Sie ist die Basis der Wertekultur der Organisation und schafft Bewusstsein für ein konstruktives Miteinander.
- Die Führungskultur schafft Richtlinien und Verhaltensnormen im Umgang mit den Mitarbeitern und deren Ressourcen. Sie beinhaltet Regeln zur Feedbackkultur, zur Weiterbildung und zum Status der Führungskräfte.
- Die Vision stellt die Krönung des Leitbildes dar und bildet so etwas wie den Extrakt aller Leitsätze. Auch wenn sie gelegentlich mit der Mission gleichgesetzt wird, erfüllt die Vision eher die Aufgabe eines Slogans, mit wenigen Worten den Kern allen Handelns zu erfassen.

Ein Leitbild ist umso stärker und umso wirkungsvoller, je vielseitiger die Interessen und Ansprüche sind, die sich darin vereinigen

Ein Leitbild ist umso stärker und umso wirkungsvoller, je vielseitiger die Interessen und Ansprüche sind, die sich darin vereinigen. Deshalb ist jede Führungskraft gut beraten, wenn sie ihre Mitarbeiter bei der Ausarbeitung und Formulierung ihrer Leitsätze mitgestalten lässt. Nur wenn sich alle Beteiligten in den Aussagen wiederfinden, werden sie sich damit identifizieren können und sich daran orientieren. Ein Leitbild vereinigt nicht nur Gefühl und Verstand, sondern integriert auch die Bedürfnisse von Führung und Belegschaft.

Also nehmen Sie sich die Zeit und gestalten Sie mit Ihren Mitarbeitern Ihr gemeinsames Leitbild, am besten in einer entspannten Umgebung mit einem neutralen Moderator. Sollte Ihr Team zu groß für eine Arbeitsgruppe sein, ist es sinnvoll, von der Belegschaft Vertreter wählen lassen, die von ihren Kollegen eine entsprechende Handlungsvollmacht erhalten.

Auch wenn Sie Teil eines großen Unternehmens sind und dort schon Leitsätze existieren, spricht nichts dagegen, das bestehende Leitbild für Ihr Team anzupassen und sinnvoll zu ergänzen. Jede Gruppe beinhaltet ganz eigene Charaktere und damit ein eigenes Profil. Dieses zu kennen und zu berücksichtigen, ist eine wertvolle Hilfe bei der Ableitung kurz- und mittelfristiger Ziele. Es erleichtert eine konsequente Führungsarbeit und vermeidet Missverständnisse und interne Konflikte.

Nur eins sollten Sie als Führungskraft unbedingt beherzigen: Nehmen Sie Ihr Leitbild wirklich ernst, dienen Sie Ihren Mitarbeitern als Vorbild und leben Sie diese Werte und Richtlinien vor! Mit einem Leitbild schaffen Sie ein Ideal, an dem Sie sich selbst messen lassen müssen. Die Mitarbeiter setzen darin große Hoffnungen und werden Fehlleistungen und Verstöße durch die Führungskraft besonders aufmerksam beobachten. Führungskräfte, die sich selbst nicht an die gemeinsamen Regeln halten, machen sich schnell unglaubwürdig und enttäuschte Mitarbeiter sind schwer zurückzugewinnen.

Nehmen Sie Ihr Leitbild wirklich ernst, dienen Sie Ihren Mitarbeitern als Vorbild und leben Sie diese Werte und Richtlinien vor

Wie alles im Leben ist auch ein Leitbild eine lebendige Sache, das der Zeit und den sich ändernden Bedingungen angepasst werden sollte. Durch Veränderungen in der Organisation, neue Marktbedingungen oder neue Mitarbeiter und Aufgaben kann es notwendig werden, das Leitbild zu korrigieren. Nehmen Sie das als einen willkommenen Anlass, Ihre Mannschaft in angemessener Regelmäßigkeit an der Vision mitgestalten zu lassen.

4.6.3 Die Sehnsucht nach dem Sinn

Der Wiener Mediziner und Psychologe Viktor Frankl engagierte sich sein Leben lang für depressive und suizidgefährdete Menschen. Nachdem er als Einziger seiner Familie einen dreijährigen Aufenthalt in deutschen Konzentrationslagern überlebt hatte, stellte er den Sinn am Leben ins Zentrum seiner Arbeit. Die von ihm gegründete Logotherapie ist von dem Gedanken getragen, dass der Mensch durch seine Willensfreiheit aufgerufen ist, das Bestmögliche aus sich und der Welt zu machen, indem er den Sinn des Augenblicks erkennt und verwirklicht. Mit seiner humanistischen Sichtweise erklärte er die pathologische Psychoanalyse Freudscher Prägung für überholt.

Die Suche nach Sinn ist die Grundmotivation des Menschen

Viktor Frankl betrachtete die Suche nach Sinn als Grundmotivation des Menschen. Wer seinen Willen zum Sinn in seinem Leben nicht verwirklichen kann, erleidet bedrückende Gefühle der Wertlosigkeit. Bleibt unser existenzielles Bedürfnis nach Sinn auf Dauer unbefriedigt, führt das unweigerlich zu Aggressionen, Depressionen, Lebensmüdigkeit oder psychosomatischen Krankheiten. Schon früh beklagte er die Entwicklung zur modernen, entfremdeten Gesellschaft, in der der Anteil verzweifelter und kranker Menschen trotz steigenden Wohlstands immer größer wird. Den Grund hierfür sah er in unserem direkten Streben nach Glück und Lustgewinn. Für Frankl liegt der eigentliche Wunsch des Menschen nicht im Glücklichsein an sich, sondern im Grund zum Glücklichsein. Sobald nämlich ein Grund zum Glücklichsein gegeben ist, stellt sich das Glücksgefühl von selbst ein. Suchen wir aber das Glück direkt, fehlt uns der Sinn unseres Strebens und damit die Erfüllung.

Unsere Gesellschaft vergleicht er mit dem sexualneurotischen Menschen, der den Sinn der Lust übersieht und mit seinem Willen zur Lust deren Erfüllung unmöglich macht. *„Die Lust wird zum alleinigen Inhalt und Gegenstand der Aufmerksamkeit. In dem Maße aber, in dem sich der neurotische Mensch um die Lust kümmert, verliert er den Grund zur Lust aus den Augen – und die Wirkung Lust kann nicht mehr zu Stande kommen.“* (Frankl, 1979) Dieser überzogene Wille zur Lust entwickelt sich immer dann, wenn der Wille zum Sinn frustriert wird.

Die Thesen Viktor Frankls sind heute aktueller denn je: In unserer Gesellschaft sind Wohlstand und hedonistischer Lustgewinn zu primären Zielen geworden. Parallel erleben wir eine wachsende Unzufriedenheit, die in der Sinnlosigkeit unseres Tuns begründet ist. Im Streben nach Wohlstand und Glück ist uns der Sinn und die Erfüllung verloren gegangen, weil uns die Werte und damit der Grund unseres Tuns fehlen.

Von allen Führungsstilen setzt die Führungsarbeit des Visionärs weniger auf die materiellen Bedürfnisse des Individuums, als vielmehr auf die langfristigen ideellen Werte der Gemeinschaft. Von daher kommt ihm eine besondere gesellschaftspolitische Aufgabe zu, nämlich die Menschen im Arbeitsprozess wieder zusammenzuführen und ihnen jenseits des materiellen Wohlstandes einen Sinn zu geben.

Die Führungsarbeit des Visionärs setzt auf die langfristigen ideellen Werte der Gemeinschaft

Auch wenn jeder Arbeitnehmer den Sinn seines Lebens selbst finden muss, so ist der Visionär für seine Mitarbeiter doch auch ein Vorbild an Bewusstheit und Entwicklungsbereitschaft. Diese seine Persönlichkeitsmerkmale können andere aus ihrer sinnentleerten Isolation herausführen.

Persönlichkeitsmerkmale des Visionärs

- SELBSTVERANTWORTUNG ist die Basis eines proaktiven Denkens und Handelns. Wer ein selbstbestimmtes Leben führt, sucht nicht bei anderen die Schuld, sondern entwickelt selbst konstruktive Lösungen.
- IDEALISMUS entwickelt sich aus dem Bewusstsein für die Grenzen und die Sinnlosigkeit rein materieller Interessen. Wer ideelle Werte wie Partnerschaft, Wertschätzung und Humor über die materiellen Werte stellt, sorgt auch bei seinen Mitarbeitern für mehr Zufriedenheit und Glück.
- ZUVERSICHT ist die Eigenschaft, die dafür sorgt, mit Optimismus in die Zukunft zu schauen und seine Chancen wahrzunehmen. Sie ist notwendig, um auch aus Rückschlägen und Niederlagen neue Kraft und Motivation zu gewinnen und seinen Weg weiterzugehen.
- GEMEINSCHAFTSSINN führt Menschen aus ihrer egozentrischen Isolation hin zu einem solidarischen Miteinander im Sinne gemeinsamer Wertvorstellungen. Einem Statusdenken und Konkurrenzverhalten wird dadurch weit gehend der Nährboden entzogen.

Indem er diese Werte vorlebt, kann der Visionär seinen Mitarbeitern das weitergeben, was er selbst erfahren und gelernt hat: Ein sinnerfülltes Leben entsteht aus der Fähigkeit, sich der Ursachen destruktiver Emotionen bewusst zu werden, mit ihnen umgehen zu lernen und den konstruktiven Gefühlen den notwendigen Raum zur Entfaltung zu gewähren. Durch sein vorbildliches Handeln kann der Visionär zu einer Art Vaterfigur werden, an der auch die Mitarbeiter reifen und sich entwickeln können.

TEIL 5 EMOTIONALES FÜHREN IM ROLLENKONFLIKT

„Das Ziel der Weisheit ist, dass man den Dingen nur so viel Macht über sich einräumt, als man es selbst will, und dass man sein Schicksal nicht von außen empfängt, sondern es nimmt, als Atemzug aus eigenem Interesse."
Hermann Hesse

Meine bisherigen Ausführungen behandelten vornehmlich die Persönlichkeitsaspekte emotionaler Führung sowie die Anwendung psychologischer Modelle und Methoden. Der eine oder andere Leser wird sich darin vielleicht nicht unbedingt wiedergefunden haben und musste die Inhalte abstrahieren, um sie auf seine Situation anwenden zu können.

Die emotionalen Herausforderungen entwickeln sich oft aus der Rolle, die die Führungskraft innerhalb ihres Umfeldes wahrnimmt

Natürlich sind die Persönlichkeit der Führungskraft und deren emotionale Gefühlslage nicht die einzigen Kriterien, die im Führungsalltag entscheidend sind. Die emotionalen Herausforderungen entwickeln sich oft auch aus der Rolle, die die Führungskraft innerhalb ihres Umfeldes wahrnimmt. Unterschiedliche Abhängigkeiten und differenzierte Interessenkonflikte führen zu besonderen emotionalen Belastungen. Es macht also Sinn, auf die unterschiedlichen Organisationsstrukturen und deren Auswirkungen auf das Führungsverhalten einzugehen.

Im Folgenden beschränke ich mich auf wenige klassische Konfliktsituationen. Die daraus entstehenden klischeehaften Verallgemeinerungen sind durchaus gewollt, denn sie helfen, die eigene Situation wie auch die eventuelle Gefühlslage von Vorgesetzten zu verstehen und Lösungsmöglichkeiten zu erkennen.

5.1 Der Inhaber als Führungskraft

Typischer Rollenkonflikt durch die Doppelfunktion als Unternehmer und Vorgesetzter

Ob Handel, Handwerk oder Dienstleistung, die meisten kleinen und mittelständischen Unternehmen werden von den Inhabern selbst geführt und diese stellen auch einen bedeutenden Anteil unserer Führungskräfte. Der für sie typische Rollenkonflikt entsteht durch ihre Doppelfunktion als Unternehmer und Vorgesetzter. Der Inhaber eines Unternehmens fühlt sich natürlicherweise stärker an seine Firma gebunden als angestellte Kollegen, schließlich ist er ihr emotional und existenziell verpflichtet. Das führt zwangsläufig zu einem besonders emotionalen Führungsprofil mit allen sich daraus ergebenden Vor- und Nachteilen.

Im Positiven sind Unternehmer zu einer stärkeren emotionalen Bindung ihrer Angestellten fähig. Mit ihrem Engagement, ihrer hohen Identifikation und ihren komplexen Kenntnissen können sie für ihre Mitarbeitern, zum väterlichen Vorbild werden. Mit menschlicher Nähe fällt es ihnen leichter, ihre Angestellten zu erreichen, sie zu motivieren und zu besonderer Leistungsbereitschaft anzuleiten. Das führt dazu, dass der Krankenstand und die Fluktuation in den meisten inhabergeführten Unternehmen sehr niedrig ist, weil die Menschen sich hier zuhause fühlen.

Im Negativen ist der Unternehmer kaum in der Lage, seine Führungsarbeit frei von finanziellen Zwängen und Ängsten zu gestalten. Jeder Fehler eines Mitarbeiters, jede Krankmeldung, jede personelle Entscheidung wird ihn persönlich mehr berühren als einen angestellten Kollegen und kann zu inneren emotionalen Konflikten von existenzieller Bedeutung führen.

So wird auch das Klischee vom hysterischen Chef verständlich, dem jähzornigen Wesen, dem man nichts recht machen kann und das sich gern in unkontrollierten Zornesausbrüchen gegenüber seinen Mitarbeitern verliert. Die gewaltfreie Kommunikation erklärt dieses aggressive Verhalten als die Unfähigkeit, seine unerfüllten Bedürfnisse zu artikulieren.

Die unternehmerische Führungskraft fühlt sich in ihrer existenziellen Verantwortlichkeit von ihren Angestellten nicht verstanden

Und genau das ist das Thema der unternehmerischen Führungskraft: Sie fühlt sich in ihrer existenziellen Verantwortlichkeit von ihren Angestellten nicht verstanden. Die täglichen kleinen Fehler, die Nachlässigkeiten oder das mangelnde Engagement von Mitarbeitern wirken auf sie als Unternehmer wie Provokationen oder mutwillige Bedrohungen ihrer Person und darauf reagiert sie häufig mit affektartigen Aggressionen.

Um aus diesem Teufelskreis auszubrechen, muss der Unternehmer in der Führungsrolle einerseits einen Weg finden, seine Erwartungen nach unten zu schrauben und mehr Verständnis und Toleranz für die Einstellung seiner angestellten Mitarbeiter zu gewinnen. Er kann von ihnen nicht erwarten, dass sie mit seinen Augen sehen und sich wie Unternehmer verhalten. Sie haben weder seine Erfahrung noch seinen Blickwinkel, um sich seiner Sorgen und Nöte bewusst zu sein.

Mittels gewaltfreier Kommunikation auch Mitarbeiter mit geringem unternehmerischen Verständnis motivieren

Andererseits liegt es in seiner Verantwortung, seine unternehmerische Position, seine Wahrnehmungen und Empfindungen sowie seine Enttäuschung über verantwortungsloses Verhalten deutlich und ehrlich zum Ausdruck zu bringen. Die gefühlvolle und gewaltfreie Kommunikation ist seine Chance, auch Mitarbeitern mit geringem unternehmerischen Verständnis deutlich zu machen, welche Erwartungen er an sie stellt, welche Bedürfnisse hinter seinen Erwartungen stehen und wie er sich eine verantwortungsbewusste Zusammenarbeit vorstellt (vgl. Kap. 4.2.4).

Wenn ihm das gelingt, wird er mehr Selbstsicherheit und Souveränität im Umgang mit seinen Mitarbeitern gewinnen und kann die emotionale Bindung zu seinem Unternehmen im positiven Sinne zur Motivation, Begeisterung und Entwicklung seiner Angestellten nutzen.

5.2 Angestellte Führungskraft im Mittelstand

Angestellte Führungskräfte haben einen schweren Stand, weil die Inhaber sich gern für alles verantwortlich fühlen

Eine ganz anderen Situation finden angestellte Führungskräfte innerhalb eines inhabergeführten Unternehmens vor. In der Regel sind mittelständische Unternehmen emotional stark vom Inhaber geprägt, oft sind es die Firmengründer selbst oder deren Erben, die den Ton angeben. Angestellte Führungskräfte haben hier einen schweren Stand, weil die Inhaber sich gern für alles verantwortlich fühlen und sich in deren Bereiche einmischen.

In einem solchen Umfeld hat die angestellte Führungskraft die primäre Aufgabe, sich emotional zu behaupten und die eigene Position zu stärken, um nicht ungewollt zur bloßen Marionette der Geschäftsleitung gemacht zu werden. Da die Hierarchien flach sind und die Chefs sich für alles verantwortlich fühlen, ist es für jeden Angestellten eine Herausforderung, den eigenen Verantwortungsbereich zu definieren und gegen Einflussnahme von oben zu verteidigen. Dazu bedarf es einer guten emotionalen Ausdrucksfähigkeit und einer starken Persönlichkeit. In der Regel geht das nicht ohne Konflikte ab und deshalb ist es ratsam, auch seine Konfliktbereitschaft entsprechend entwickelt zu haben.

Durch die große Dominanz, die Inhaber bzw. Geschäftsführer in ihrem Unternehmen ausüben, sind auch der Führungsstil und das Betriebsklima entscheidend durch deren Persönlichkeit geprägt. Jeder Charakter zeigt hier ein eigenes Profil, das besondere Stärken, aber natürlich auch Defizite aufweist. Die Chance der angestellten Führungskraft liegt darin, eine vom Chef noch nicht besetzte Rolle anzunehmen und auszufüllen, um dessen Kompetenzen zu ergänzen, ohne ihm seine Rolle streitig zu machen. Hat sie ihre Rolle im Unternehmen gefunden, erhält sie maßgeblichen sozialen Einfluss und kann sich ungestört vom Vorgesetzten profilieren. Zwei Beispiele:

Eine vom Chef noch nicht besetzte Rolle auszufüllen, um dessen Kompetenzen zu ergänzen

In Firmen, die von hoch emotionalen Chefs dominiert werden, rücken die Mitarbeiter zwangsläufig enger zusammen, um sich in der Solidarisierung gegen die formelle Führung zu stärken und zu schützen. Durch diese Polarisierung entstehen wichtige soziale Rollen, die es von den übrigen Führungskräften zu besetzen gilt. Von großer Bedeutung ist die Rolle des informellen Führers, die von der Person ausgefüllt wird, die das größte Vertrauen in der Belegschaft besitzt. Der informelle Führer gewinnt an Einfluss, indem er emotional kompetent auf die Bedürfnisse der Mitarbeiter eingeht, ihnen zum Beispiel die fehlende Anerkennung gibt, gemeinsame Treffen initiiert oder sie mit wichtigen Informationen versorgt. Eine formelle Führungskraft erhält diese Rolle nur, wenn sie sich mit der Belegschaft zu solidarisieren weiß, ohne ihre Führungsverantwortung zu vernachlässigen. Dann kommt ihr eine bedeutende Aufgabe für die Integration der Mitarbeiter und die Identifikation mit dem Unternehmen zu.

Der informelle Führer gewinnt an Einfluss, indem er emotional kompetent auf die Bedürfnisse der Mitarbeiter eingeht

Auch bei der Besetzung der unterschiedlichen Rollen im Führungsteam ist die Rolle des Inhabers oder Geschäftsführers von entscheidender Bedeutung. So hat ein Marketingleiter keine Chance, die Rolle des kreativen Strategen auszufüllen, wenn diese Stelle schon inoffiziell vom Chef besetzt worden ist – selbst wenn das so in seinem Arbeitsvertrag festgeschrieben ist. Solange sich der Chef als kreativer Stratege versteht, wird er sich in die Kompetenzen des Marketingleiters einmischen und für Konflikte sorgen, es sei denn, die eigentlich verantwortliche Führungskraft entschließt sich, eine andere Teamrolle einzunehmen, zum Beispiel die des kommunikativen Promoters, der die Ideen des Chefs aufgreift, Wege der Umsetzung erkennt und ihnen Leben einhaucht.

So ist auch hier entscheidend, inwieweit ich als Führungskraft flexibel auf die situativen Bedürfnisse einzugehen weiß und die emotionalen Führungsstile beherrsche. Solange ich versuche, mich auf die Sachlage zurückzuziehen, auf meinen Arbeitsvertrag zu pochen oder Dienst nach Vorschrift mache, kann ich meiner emotionalen Führungsverantwortung nicht gerecht werden.

5.3 Angestellte Führungskraft im Konzern

Je mehr Menschen in einer Organisation zusammenarbeiten, desto größere Bedeutung bekommen die innerbetrieblichen Abläufe und Prozesse. Normen, Regeln und ISO-Standards bestimmen die Arbeitswelt, damit Leistungsvorgaben und Qualitätssicherung garantiert werden können. Eigeninitiative, Spontaneität, Kreativität oder viele andere emotionale Bedürfnisse der Menschen werden immer mehr unterbunden, weil das reibungslose Funktionieren für die Organisation erste Priorität hat.

Das Umsetzen eigener Vorstellungen fällt vielfach der Notwendigkeit, den firmeneigenen Prozessen genügen zu müssen, zum Opfer

Das führt dazu, dass die Mitarbeiter mehr mit internen Prozessen, Abläufen und Meetings beschäftigt sind, als mit der Entwicklung ihrer eigentlichen Aufgaben. Viele Führungskräfte in Konzernen haben aufgegeben, eigene Vorstellungen davon zu haben, wie und was sie verwirklichen wollen. Sie haben sich den firmeneigenen Prozessen angepasst und halten es eher für ihre Aufgabe, ihren Status und ihre Position zu verteidigen als ihre Managementkompetenzen unter Beweis zu stellen.

Neben den offiziellen Standards finden wir in vielen Organisationen auch eine inoffizielle Unternehmens- und Führungskultur. Jeder Konzern hat seine eigene Geschichte, die die Einstellung und das Verhalten der Mitarbeiter und ihrer leitenden Angestellten geprägt hat. Je älter diese ist, desto eingefahrener und undurchschaubarer sind die gewachsenen Verhaltensnormen und ungeschriebenen Gewohnheitsrechte. Wie in der Politik müssen indirekte Informationswege eingehalten, Interessenlagen berücksichtigt und Koalitionen gebildet werden, um etwas durchsetzen zu können. Trotz offizieller Visionen und Leitbilder haben die ungeschriebenen Gesetze so großen Einfluss, dass man sie als Führungskraft kennen und beherzigen sollte, will man nicht gegen die Wand fahren.

Die ungeschriebenen Gesetze haben so großen Einfluss, dass man sie beachten sollte

Der Manager in der großen Organisation ist täglich gezwungen, sich in einem Netzwerk von Normen, Strukturen und Beziehungen zu behaupten. Es ist also kaum verwunderlich, dass die wenigsten noch die Zeit finden, sich über die Erfüllung von Standards und Zielvorgaben hinaus ausreichend um ihre Führungsaufgaben zu kümmern. Die Führungskräfte, die neben Karriere und Existenzkampf sich auch für Ihre Mitarbeiter und das Gemeinwohl einsetzen, sind rar gesät.

Als Führungskraft im Konzern hat man immer die Chance, sich als sozialkompetente Führungskraft zu profilieren, weil der Bedarf an dieser Stelle größer ist als das Angebot. Wer den Mut hat und den Anspruch besitzt, aus der angepassten Mehrheit herauszutreten und sich für sein Personal zu engagieren, kann im Konzern Karriere machen. Menschen, die Verantwortung übernehmen wollen und Sozialkompetenz besitzen, werden dringend benötigt. Hierfür sollten Sie aber ein paar Kompetenzen beherrschen:

Wer aus der angepassten Mehrheit heraustritt und sich für sein Personal engagiert, kann im Konzern Karriere machen

Kompetenzen der emotionalen Führungskraft im Konzern

- TRANSPARENTE KOMMUNIKATION. Die Art des Umgangs mit den Mitarbeitern und Kollegen prägt die Atmosphäre in Ihrem Umfeld entscheidend. Reden Sie also offen und direkt, sprechen Sie Positives wie Negatives unverblümt an, machen Sie aus Ihrem Wissen kein Geheimnis. Offenheit und Transparenz schaffen Vertrauen und Sicherheit. Diese Sicherheit benötigen Sie für eine konstruktive Zusammenarbeit. Vertrauen heilt eventuelle Wunden und baut bestehende Ängste ab. Nur so führen Sie Menschen zu gegenseitiger Akzeptanz und Teamgeist.
- SICH EINMISCHEN. Die größten Fehler in großen Unternehmen entstehen, weil die Kollegen andere wohl wissend ins Messer laufen lassen. *„Ist ja nicht mein Problem"*, ist eine weit verbreitete Einstellung. Aber es ist unmöglich, dass ein Einzelner die Komplexität aller Sachverhalte überblickt. Tragfähige Lösungen entstehen erst durch das Einbringen verschiedener Kompetenzen und durch das wiederholte kritische Hinterfragen der Konzepte und Lösungswege.

  Eine verantwortungsbewusste Führungskraft fühlt sich nicht nur für ihren Bereich, sondern für das große Ganze verantwortlich. Sie gibt auch anderen Teams oder Abteilungen hilfreichen und kritischen Input. In aufgeschlossenen Unternehmen gehören regelmäßige Kritikerrunden in Meetings schon zum Pflichtprogramm. Aber auch hier entscheidet die Form oft über die Wirkung: Vermeiden Sie jegliche destruktive Besserwisserei oder Arroganz!

- Gemeinschaft vor Eigeninteressen. Nörgler und Besserwisser sind schnell als Querulanten und Profilneurotiker verschrien, weil es ihnen darum geht, sich vor großem Publikum darzustellen und wichtig zu machen. Deshalb ist es entscheidend, Kritik im richtigen Moment und gegenüber den richtigen Personen anzubringen. Üben Sie Kritik immer nur im kleinen Kreis an der Sache, nie an Personen.

  Machen Sie deutlich, dass es Ihnen nicht um eine persönliche Profilierung geht, sondern Sie es als Ihre Pflicht verstehen, Stellung zu beziehen. Bleiben Sie bei Kritik immer sachlich und diplomatisch. Und stellen Sie Ihre Meinung nicht als das Nonplusultra dar, sondern nur als konträren Diskussionsbeitrag. Seien Sie nie Quertreiber, sondern nur Querdenker!

- Mut zur Entscheidung. Ich kann nur vermuten, wie viel Geld jährlich in deutschen Organisationen vergeudet wird, weil Führungskräfte Angst vor Entscheidungen haben. Oder Entscheidungen werden so lange hinausgeschoben, bis sie sich überlebt haben. Viele, die Verantwortung tragen, warten auf etwas, das es nicht gibt: hundertprozentige Sicherheit.

  Der Weg zum Erfolg birgt immer ein Restrisiko. Aber Sie müssen kritische Entscheidungen ja nicht allein treffen. Sind Sie sich unsicher sind, holen Sie sich Rückendeckung im Team oder bei Ihrem Vorgesetzten. Aber werden Sie aktiv! Treiben Sie Ihre Projekte voran, statt sie auszusitzen! Jede gesunde Organisation, jeder gute Vorgesetzte wird Sie schätzen lernen und bei der nächsten Beförderung berücksichtigen.

Durch Ihr selbstbewusstes, teamorientiertes und mutiges Auftreten, können Sie die Arbeitsatmosphäre in Ihrem beruflichen Umfeld entscheidend mitgestalten und nachhaltig verbessern. Die Folge wird sein, dass Ihre Mitarbeiter bessere Leistungen zeigen und Sie bei der kommenden Beförderung eine Chance bekommen.

5.4 Emotionales Führen ohne Weisungsbefugnis

Der Projektmanager hat keine disziplinarische Gewalt und kann keinen Druck auf seine Mitarbeiter ausüben

Eine ganz eigene Führungsrolle ist die des Projektmanagers, der Menschen zu führen hat, die ihm organisatorisch nicht unterstellt sind und für die er folglich auch keine Weisungsbefugnis besitzt. Die psychologische Besonderheit dieser Rolle ist, dass der Projektmanager Kraft seiner Funktion keine disziplinarische Gewalt hat und deshalb kaum Druck auf seine Mitarbeiter ausüben kann. Kollegen, die es gewohnt sind, hauptsächlich über Angst geführt zu werden, sind ohne disziplinarische Möglichkeiten kaum zu motivieren. Sie sehen keinen Anlass, sich einzubringen und solange sie andere Verpflichtungen haben, warten sie lieber ab oder verweigern sich einfach.

In der Rolle der Führungskraft ohne Weisungsbefugnis wird der Wert emotionaler Führung direkt ablesbar: Da, wo dem Projektmanager die disziplinarische Gewalt fehlt, muss er seine emotionalen Stärken ausspielen und nach Bedarf zwischen den Führungsstilen wechseln.

Da, wo dem Projektmanager die disziplinarische Gewalt fehlt, muss er seine emotionalen Stärken ausspielen

Die emotionalen Stärken der Führungskraft ohne Weisungsbefugnis

- TEAMGEIST UND KONSENSFÄHIGKEIT sind wichtige Kompetenzen, um die Spezialisten aus verschiedenen Abteilungen in kurzer Zeit zu einem schlagkräftigen Team zu formen und ihr dauerhaftes Engagement zu sichern. In der Rolle des Moderators hat der Projektleiter das notwendige Knowhow hinzuzuziehen, gemeinsame Ideen zu entwickeln und im demokratischen Konsens zu Lösungen zu kommen, die möglichst von allen getragen werden (vgl. Kap. 4.1).
- MOTIVATION UND BEGEISTERUNGSFÄHIGKEIT sind notwendige Eigenschaften, um den Mitarbeitern Dampf zu machen und das Projekt in Fahrt zu bringen, damit es diese besondere Eigendynamik erhält, die alle beteiligten Kollegen mitreißt und zu mehr Engagement bewegt. Als fordernde Führungskraft begeistert der Projektleiter seine Leute für das gemeinsame Ziel und treibt sie zu Höchstleistungen an. Er vermittelt ihnen die ideelle Bedeutung ihrer Arbeit, damit der Einsatz von Freude getragen wird (vgl. Kap. 4.4).
- KONFLIKTBEREITSCHAFT UND DURCHSETZUNGSVERMÖGEN zählen zu den wichtigsten Charakterzügen, die ein Projektmanager mitbringen sollte.
Sie befähigen ihn dazu, trotz seines Machtdefizits seine Projekte gegen die vielseitigen Widerstände im Unternehmen durchzuboxen. In der Rolle des Krisenmanagers versteht er es, Grenzen zu setzen, Konflikte zu lösen und Widerstand im Keim zu ersticken. Er hat den Mut, jede Art von Verweigerungshaltung oder andere Formen subtiler Aggression zu thematisieren und offensiv auszuräumen (vgl. Kap. 4.5).

Die Führungskraft ohne Weisungsbefugnis entwickelt ihre Führungsautorität in direktem Kontakt mit ihren Mitarbeitern. Dabei ist sie gezwungen, ihre ganze Emotionalität zum Einsatz zu bringen, um ihr funktionelles Machtdefizit durch Präsenz und Ausdrucksstärke zu ersetzen. Wer das nicht beherzigt und meint, seine Projekte emotionslos steuern zu können, wird

Das funktionelle Machtdefizit durch Präsenz und Ausdrucksstärke ersetzen

schnell ausgebremst werden und muss letztendlich daran scheitern.

5.5 Emotionales Führen von virtuellen Teams

Gruppen, die organisatorisch als Einheit geführt werden und gemeinsame Aufgaben haben, aber nicht an einem Ort zusammenarbeiten

Ein recht junges Phänomen der globalen Entwicklung, das ganz neue Herausforderungen an eine emotionale Führung stellt, sind die virtuellen Teams. Virtuelle Teams sind Gruppen, die organisatorisch als Einheit geführt werden und gemeinsame Aufgaben haben, aber nicht an einem Ort zusammenarbeiten. Oft sitzen einzelne Mitarbeiter an unterschiedlichen Standorten und kommunizieren fast ausschließlich über E-Mail oder Videokonferenz.

Die virtuellen Teams, die ich kenne, sind in international tätigen Unternehmen an den Schnittstellen zwischen zentral gesteuertem Management und den nationalen Vertretungen entstanden, zum Beispiel in der Softwareentwicklung, im Maschinenbau oder im Marketing. Sie haben die Aufgabe, das zentral entwickelte Knowhow den spezifischen nationalen Interessen anzupassen oder besondere nationale Kompetenzen für den Weltmarkt zu erschließen.

Ihr Konstrukt repräsentiert die ganze Problematik der Globalisierung. Die Führungskraft hat die anspruchsvolle Aufgabe, über Sprachbarrieren und kulturelle Unterschiede hinweg globale Projekte zu verwirklichen, ohne dass sie in regelmäßigem persönlichen Kontakt zu allen Mitarbeitern stehen kann. Die Ausdrucksformen einer emotionalen Führung wie Ausstrahlung, Präsenz, Authentizität, Charisma oder Körpersprache können nur bei den seltenen Präsenzmeetings zur Wirkung kommen. Eine wirklich emotionale Führung ist deshalb nur eingeschränkt möglich.

Die Mitarbeiter virtueller Teams müssen natürlich ein selbstständiges und eigenverantwortliches Arbeiten gewohnt sein, damit sie frei von direkter Kontrolle überhaupt eine effiziente Leistung bringen können. In der Regel sind sie hoch spezialisierte Fachkräfte, die aufgrund ihrer Kompetenzen an diesem Projekt arbeiten und selbstbewusst ihren Arbeitsbereich zu vertreten wissen. Durch diese Einstellungsvoraussetzung werden sie einen Führungsstil bevorzugen, der ihnen im Rahmen der globalen Ziele möglichst viel Freiraum bei der Verwirklichung ihrer Aufgaben zubilligt.

Die Führungskraft eines virtuellen Teams wäre also gut beraten, die Führungsstile zu beherrschen, die dem Mitarbeiter viel Freiraum gewähren, um sie in ihrer Selbstständigkeit auch aus der Distanz leiten zu können.

Als Visionär oder Coach lässt die Führungskraft den Spezialisten des virtuellen Teams den motivierenden Freiraum

- Zum einen ist das der VISIONÄR, der es versteht, seine Mitarbeiter über ihre Ideale und Wertvorstellungen für eine gemeinsame Vison zu begeistern, um sie anschließend eigenverantwortlich ihre Teilaufgaben umsetzen zu lassen (vgl. Kap. 4.6).
- Zum anderen ist es der COACH, der seine Mitarbeiter in Ausübung ihrer Tätigkeit begleitet, ihre Entwicklung fördert und sie in offener Regie zu führen versteht (vgl. Kap. 4.3).

Alle anderen Führungsstile leben vom intensiven Kontakt zum Mitarbeiter und bleiben aufgrund der mangelnden Präsenz weitgehend wirkungslos.

Die seltenen gemeinsamen Treffen dazu nutzen, seine Mitarbeiter emotional auf die Ziele und die gemeinsame Vision einzuschwören

Wer ein virtuelles Team leitet, sollte die seltenen gemeinsamen Treffen dazu nutzen, seine Mitarbeiter emotional auf die Ziele und die gemeinsame Vision einzuschwören. Am wirkungsvollsten ist es, diese Events als intensive Team-Erlebnisse zu gestalten, um so viel Gemeinsamkeiten wie möglich zu schaffen. Da sich im beruflichen Alltag keine Chancen zu einem menschlichen Miteinander bieten, sollten die Treffen emotionale Intensivpräparate darstellen, die auf lange Sicht Wirkung zeigen. In der Zeit zwischen den Meetings kann die Führungskraft dann im Einzelkontakt als Coach agieren, um die Mitarbeiter in ihrer Arbeit zu unterstützen und die Teilaufgaben feinzujustieren.

Der Visionär und der Coach sind besonders anspruchsvolle Führungsrollen, sie benötigen eine gewisse Reife und Persönlichkeit, um authentisch gelebt und gestaltet zu werden. Deshalb ist es eine Herausforderung für jede Führungskraft, ein virtuelles Team zu führen und an dieser schwierigen Aufgabe zu wachsen. Ich bin mir aber sicher, dass durch die Globalisierung der Unternehmen dieser Rolle in der Zukunft noch eine große Bedeutung zukommt.

SCHLUSSWORT

„Der Weg ist das Ziel."
Konfuzius

Emotionen bestimmen unsere Entscheidungen und unser Handeln

Ob wir es wollen oder nicht, Emotionen bestimmen unsere Entscheidungen und unser Handeln – der Verstand dient lediglich der Planung und Konstruktion bisher noch nicht gemachter Erfahrungen. Im Stress ist es viel zu langwierig, ihn um Rat zu fragen, lieber greift unser Unbewusstes affektartig auf Verhaltensmuster zurück, mit denen wir schon einmal erfolgreich waren.

Im Alltag mag das unser Überleben retten, als Führungskraft werden wir so der Komplexität unserer Aufgaben nicht gerecht. Zahlreiche Managementmethoden und Führungstechniken geben auf der Verstandesebene brauchbare Hilfestellungen. Wenn es ernst wird, nützen sie uns aber wenig, es sei denn, die Führungskraft hat ihr emotionales Erfahrungsrepertoire erweitert und zu einer reifen und vielschichtigen Einstellung gefunden.

JEDE ART VON FÜHRUNG STEHT UND FÄLLT MIT DEM BEWUSSTSEIN FÜR DIE VIELFÄLTIGEN EMOTIONEN DER MENSCHEN UND DIE ERFAHRUNG, DAMIT SITUATIV UND SINNVOLL UMGEHEN ZU KÖNNEN.

Führung ohne Gefühle ist weder möglich noch wünschenswert

Führung ohne Gefühle ist weder möglich noch wünschenswert. Begeisterungsfähigkeit, Durchsetzungsvermögen, Entscheidungsstärke, Glaubwürdigkeit, Konfliktbereitschaft, Konsensfähigkeit oder Überzeugungskraft sind Ausdruck einer emotional kompetenten Persönlichkeit.

Zu dieser Persönlichkeit zu reifen, das ist die Hauptaufgabe, die wir in der Führungsverantwortung zu bewältigen haben. Damit haben wir ein Leben lang zu tun, denn auf dem Weg werden wir immer wieder an unsere Grenzen stoßen.

Es wäre eine Überforderung zu glauben, wir könnten als Führungskraft jemals perfekt werden. Es kommt auch weniger darauf an, Fehler zu vermeiden, als vielmehr darauf, das eigene Bewusstsein zu entwickeln, die unvermeidbaren Verletzungen, die emotionalen Grenzüberschreitungen im beruflichen Miteinander wahrzunehmen, sie sich und anderen verständlich zu machen und sie in die Führungsentscheidungen miteinzubeziehen.

Eine gute Führungskraft versteht es, Manager und Mensch zugleich sein, zwischen Sachzwängen und zwischenmenschlicher Verantwortung die Balance zu halten. Sie ist ihren Mitarbeitern ein Vorbild im Umgang mit Emotionen.

Eine gute Führungskraft versteht es, Manager und Mensch zugleich zu sein

Eine gute Führungskraft ist der Dirigent ihrer Gefühle und nicht deren Opfer.

Wenn das aber einmal anders sein sollte, nehmen Sie das als willkommenen Anlass, sich infrage zu stellen, den Ursachen hierfür auf den Grund zu gehen, Ihre Handlungsweise zu korrigieren oder sich einfach dafür zu entschuldigen. Dann sind Sie auf dem richtigen Weg und der ist bekanntermaßen das eigentliche Ziel.

Literaturverzeichnis

Quellen

- Bay, Rolf H.: Erfolgreiche Gespräche durch aktives Zuhören. Renningen, 1988
- Corvey, Stephen R.: Die sieben Wege zur Effektivität. Offenbach, 2005
- Dahlke, Ruediger: Krankheit als Sprache der Seele. München, 1997
- Dethlefsen, Thorwald / Dahlke, Ruediger: Krankheit als Weg. München, 2000
- Frankl, Viktor E.: Der Mensch vor der Frage nach dem Sinn. München, 1979
- Goleman, Daniel / Boyatzis, Richard / McKee, Annie: Emotionale Führung. Berlin, 2003
- Goleman, Daniel: Emotionale Intelligenz. München, 1997
- Lowen, Alexander: Bioenergetik, Therapie der Seele durch Arbeit mit dem Körper. Reinbek, 2008
- Rizzolatti, Giacomo: Empathie und Spiegelneurone: Die biologische Basis des Mitgefühls. Frankfurt, 2008
- Roth, Gerhard: Aus Sicht des Gehirns. Frankfurt, 2003
- Scheler, Uwe: Management der Emotionen. Offenbach, 1999

Literaturhinweise

- Frankl, Viktor E.: Trotzdem Ja zum Leben sagen: Ein Psychologe erlebt das Konzentrationslager. München, 1998
- Goleman, Daniel: Der Erfolgsquotient. München, 1999
- Riemann, Fritz: Grundformen der Angst. München, 1991
- Schulz von Thun, Friedemann: Miteinander reden 1, Störungen und Klärungen. Hamburg, 1981
- Schulz von Thun, Friedemann: Miteinander reden 2, Stile, Werte und Persönlichkeitsentwicklung. Hamburg, 1989
- Schulz von Thun, Friedemann: Miteinander reden 3, Das „Innere Team“ und situationsgerechte Kommunikation. Hamburg, 1989
- Sollmann, Ulrich: Management by Körper. Hamburg, 1999

Stichwortverzeichnis